微表情
心理学

瞬间领悟你原本未知的真相

孙浩 编著

沈阳出版发行集团
沈阳出版社

图书在版编目(CIP)数据

微表情心理学：瞬间领悟你原本未知的真相/孙浩编著.—沈阳：沈阳出版社，2016.11

ISBN 978-7-5441-7977-5

Ⅰ.①微… Ⅱ.①孙… Ⅲ.①表情—心理学—通俗读物 Ⅳ.① B842.6-49

中国版本图书馆 CIP 数据核字（2016）第 278572 号

出版发行：	沈阳出版发行集团｜沈阳出版社
	（地址：沈阳市沈河区南翰林路10号　邮编：110011）
网　　址：	http://www.sycbs.com
印　　刷：	三河市兴达印务有限公司
幅面尺寸：	170mm×240mm
印　　张：	16 印张
字　　数：	200 千字
出版时间：	2017 年 1 月第 1 版
印刷时间：	2017 年 1 月第 1 次印刷
选题策划：	张晓薇
责任编辑：	杨敏成
封面设计：	一个人·设计
版式设计：	点石坊工作室
责任校对：	李　飞
责任监印：	杨　旭

书　　号：ISBN 978-7-5441-7977-5
定　　价：36.80 元

联系电话：024-24112447
E-mail：sy24112447@163.com

本书若有印装质量问题，影响阅读，请与出版社联系调换。

前言

自古以来就有读书一说,不知道有没有"读人"的?实际上,每个人都在读人,同时也在被他人读,从某种意义上而言,人就是一部复杂的、难以读尽也难以读透的大书。

尤为简单的读人莫过于读婴幼儿,每当婴幼儿啼哭时都表示有什么样的要求,细心的父母自会读懂。大音乐家贝多芬曾把婴幼儿的啼哭比作是"世界上最动听的音乐",那么,婴幼儿的笑靥,也就可以比作是世界上最美丽的花儿了。

随着年龄不断地增长,人变得越来越复杂起来,要读透一个人也就日见其难。但尽管难,我们还得读。做主管领导工作的,能不读人吗?不然怎么能够做到知人善任;搞经营管理的,能不读人吗?不然怎么会知道与你打交道的是儒商还是奸商;搞文学的,能不读人吗?有道是文学即人学;即使你什么功利目的也没有,只是日常生活中交个朋友,也得读人,不然你怎么会交得知己良友?

然而，人心隔肚皮，读人实在是不容易，但不得不读。只有读懂人，才有知人之明，而读不懂人，就会败事，甚至伤身。

本书从外貌形象、眼神表情、肢体表情、言谈话语、兴趣爱好等多种角度，结合大量生动、具体的案例，对人们的各种微表情进行了深入、透彻、全面的剖析，由表及里，由内至外，从现象推测出本质，挖掘出人们内心深处欲要隐藏的真相。

当然，本书在论述中的一些说法并非立足于纯学科理论角度，而带有通俗趣味性和消遣性，读者不必过于较真。

"微表情心理学"告诉你：这世上没有看不透的人，没有搞不定的事，只要你用心，就可以观人于细微，察人于无形。

目 录

第一章 析微察异——看得透才能活得好

不能识人就不能交人、用人，甚至是防人。识人一事，很多人往往不得要领，乃至一再失察，不得人脉。所以说，人们需要练就一双能够透过表象看清本质的火眼金睛，把人心看得透彻、看得全面，直至看到骨子里，这样你才能真正得到自己需要的人脉，使你立于不败之地。

成事之先要识人 / 2

知人知面还要知心 / 4

看透人心才好做事 / 6

初次见面就要心中有数 / 8

多角度透视人物本质 / 11

全方位把握人物特点 / 13

人无完人，不要只看缺点 / 15

微表情看人心的十大忌讳 / 19

第二章 相由心生——脸部扫描会告诉我们什么

俗话说"相由心生"。人,或许可以控制自己的言谈与举止,但绝对控制不了自己的外貌。而外貌恰恰是人内心的显示屏,它能流露出比言行更为真实的信息。假如你能读懂他人的外貌,那么,你也就能更为了解他人的内心。

我们从脸谱上能看到什么? / 28
微表情——心灵的真实反映 / 31
眉宇之间的心情体现 / 32
手指连着心 / 34
鼻子里面蕴含的语言 / 36
不说话,也能察其心 / 38
笑并不一定是因为开心 / 39
微笑其实有多种含义 / 41
简单准确的直观识人三法 / 44

第三章 眼通心路——眼部表情最容易泄露内心

美国著名讽刺小说家欧·亨利有一句名言:"人的眼睛都是探照灯!"这就是说,眼神都是心理的一种暗示,都是可以捕捉的密码。你要学会打量对方的眼神,发现其心理之变化,这样你就会更睿智。

人的眼睛是会说话的 / 48
练就一双识人慧眼 / 50

读懂一双眼，了解一群人 / 53

想隐藏丑闻的眼神 / 55

不理对方眼神的人 / 57

四处张望的眼神 / 59

逃避眼光的人 / 60

没有表情的眼睛 / 61

不信任的眼神 / 63

第四章 手足连心——肢体表情从来不会说谎

人的肢体微表情，其实隐藏着大量真实的信息，反映了人的心态、性格、感情和欲望，等等。我们可以通过一个人的行为举止来观察他真实的内心世界，从而见机行事，我们的难度在于必须提前做出判断和反应，否则，恐怕就会比较被动了。

破译肢体语言密码 / 66

小动作中暗含玄机 / 69

指尖上的舞蹈 / 70

举手之间有密语 / 72

搓手散发的信号 / 73

为何他爱拍脑袋？ / 74

环抱双臂的含义 / 75

握手可知人心 / 77

抓耳挠腮为哪般？ / 80

那些傲慢的姿态 / 81

腿部信息也很丰富 / 82

不同走姿体现不同性格 / 84

站姿，人之秉性的自然表现 / 87

坐姿是窥探内心的关键 / 88

睡姿泄露一个人的潜意识 / 92

日常交流动作有深意 / 96

第五章　说话听声——一瞬间参透话外之音

　　一个人的言语，在一定程度上可以反映一个人的一些实际情况。言谈话语表达出来的信息有真实与不真实之分，要想准确识别单凭感觉是不够的。你不仅要分析他人的话中之意，更要分析其言外之意，同时，还要捕捉住一些相关的细节加以辅证。假如不善于分析他人的言论，辨其是非善恶，是无法正确考察一个人的。

嘴是心灵的大门 / 100

话语中的心灵密码 / 101

每个人都会说"语外语" / 103

诱导对方说出来 / 106

借助交谈透视对方 / 109

听出对方弦外之音 / 111

看透心才能有效沟通 / 114

从打招呼看对方性格 / 115

从闲谈破译他人的心态 / 116

从客套话中看清对方的真心 / 120

口头禅背后的内心世界 / 121

言语偏颇者性格有缺陷 / 124

洞察口蜜腹剑之人 / 125

透析喋喋不休之人 / 126

解读常把"我"挂嘴边的人 / 128

破译喜欢谈论妻子的男人 / 129

从吵架分析一个人的本质 / 131

第六章 "微"观偏好——隐藏在习惯中的心灵地图

一个人的习惯是后天形成的，有什么样的习惯就会有什么样的性格；兴趣爱好则是一个人内心的自然流露，是不带任何掩饰的。这是一个人最真实的状态，是一个人内心的最佳表现方式，只要我们留意观察，看看他日常有哪些习惯，都爱好些什么，我们就能拨云见日，识得他的庐山真面目。

不同的嗜好体现人的性格 / 136

从阅读偏好看性格 / 139

从音乐偏好看人性 / 142

从舞蹈偏好看个性 / 144

从收藏偏好看心绪 / 146

从卧室装饰看心态 / 148

从旅游方式看性情 / 150

从汽车喜好看品位 / 152

从运动喜好透视人 / 154

迷恋电脑的人多内向 / 157

从举杯姿势分析男女 / 158

从端红酒杯姿态看人 / 159

从打电话洞察人心 / 161

名片上有别名的人 / 164

不给别人名片的人 / 165

名片印有多种头衔的人 / 166

名片上有日期及地点的人 / 168

带着他人名片四处走的人 / 169

第七章　破解谎言——看清说谎者的面目

西方社会流行着这样一句谚语："当真理还在穿鞋的时候，谎言已跑出很远了。"就连莎士比亚也曾发出感慨："上帝啊上帝，这个世界为什么这样喜欢说谎呢！"事实就是这样，不管你愿不愿意面对，我们的现实生活中早已充斥着大量的谎言，我们无法回避它们，就必须每天去面对、去听、去看、去感觉，去破译。

手揉眼睛——可能在睁眼说瞎话 / 172

手遮嘴巴——千万别把真话说出口 / 173

手摸鼻子——我的鼻子变长了没有？ / 174

笑不由衷——他想用笑迷惑你 / 175

如何使对方说出真话 / 177

"请君入瓮"破谎法 / 181

推门见山破谎法 / 184

计中设计识谎言 / 186

以谎试谎法 / 187

"不告诉"就是告诉 / 189

第八章　明辨爱情——什么是对方的真实情感

　　我们常像喜欢偶像一样钟情于一个人。那时候觉得对方什么都好，似乎能够拯救你孤单的灵魂，能陪你一起过所有你想要的生活。然而有时这种最初的崇拜，却往往会把我们带进阴沟。请注意，无论一个人是公主、是王子、是花魁、还是才子，他都会有不为人知，极力伪装的一面。

他喜欢你的征兆 / 192

看透男人的一张张脸 / 195

男人怎样看待恋爱和婚姻？ / 200

"逆向思维"看男人 / 203

男人爱你才说你"傻" / 206

男人越爱你越计较你的过去 / 209

浪漫有时只是男人的手段 / 212

嘴上说娶你，未必会娶你 / 215

"我不想结婚"意味着什么？ / 219

明明他想分手，却要你说出口 / 223

女人发嗲，意味着有所要求 / 226

女人折腾你，是因为在乎你 / 230

她没事找事，是在试探你 / 234

不在意名分——她只想玩玩儿 / 237

女人若骗人，也很有一套 / 240

第一章 析微察异
——看得透才能活得好

不能识人就不能交人、用人,甚至是防人。识人一事,很多人往往不得要领,乃至一再失察,不得人脉。所以说,人们需要练就一双能够透过表象看清本质的火眼金睛,把人心看得透彻、看得全面,直至看到骨子里,这样你才能真正得到自己需要的人脉,使你立于不败之地。

成事之先要识人

世界是人的世界，想要读懂世界，必要读懂人。成大事者都知道自己成长的真正土壤就是由人组成的社会，所以他们走上社会之前先学习如何识人，看懂人心是他们成功的重要法宝。

在我国历史上，历代杰出的思想家、政治家都认识到"为政之要，唯在得人"，发出了"千军易得，一将难求"的感叹。这不仅是看重人才在决定战争胜败，国家兴亡中的重要地位和作用，同时也是对知人识人不易的感慨。为此，所有成大器者，没有不会看人识人的，他们不仅是知人识人的专业研究员，也是深有资历的识人专家。

人的识别，是对人的觉悟、品质、知识、工作能力、性格、精力状况等方面，进行全面的历史考察与评价。"知人"既是人才管理的重要内容，又是对人合理评价和科学管理的前提条件。可以说，知人是坚持公道正派、任人唯贤的基本保证。没有识人的"慧眼"，"近己之好恶而不知"，就不能坚持公道正派、任人唯贤的原则。是对人才实施科学管理的重要环节，知人是用到人尽其才，才尽其用的必不可少的环节，同时也是激励人才奋发进取的有效措施。

刘邦的长处是善于知人用人，大胆从基层中提拔人。陈平的重用就是其中一例，刘邦看中陈平的长处，因此，没有猜疑他是归降之臣而重用

第一章　析微察异——看得透才能活得好

之。等到朝中大臣谗言诋毁之时，刘邦却深明用人之道，不予理会，对陈平厚加赏赐，提升为护军中尉，监察全体官兵。从此，诸将再不敢诋毁陈平。

中国历史上的明君唐太宗曾说过"何代无贤"，非常值得今天的识人用才者深思、借鉴。唐太宗之所以使朝廷欣欣向荣，出现"贞观之治"，就是因为他知人识人。因此，能否识人在很大程度上决定着个人的生存。

"人之难知，不在乎贤不肖，而在于枉直。"即识别虚伪和诚实。人有坏人与好人之分，英雄有真英雄与假英雄之分，君子有真君子与伪君子之分。人还可以分为虚伪与诚实；有表面诚实却心藏杀机；有"大智若愚"，表面看上去是愚笨的样子，而内在里却是聪明之人；有"自作聪明"而实际的愚人；有两面派……

难怪人们常说，天下者，知人为难。今天，大家懂得知人难，就不会对人轻易下结论，就会更科学地鉴别人。

"事之至大，莫如知人"。对于领导者来说，"帝王之德，莫大于知人"，没有比识人才更重要的了；对聪明的人来说，"知者莫于知贤"，没有比发现和了解贤者更重要的了；对于主持政务的人来说，"尚贤者，政之本也"，尊重贤士是治政的根本；"求治之道，首与用贤"。治理国家的方法，首先在于使用贤人。"安危之本在于任人"，即国家安危的根本在于任人。

"夫为国家者，任官以才，立政以礼，怀民以仁，交邻以信；是以官得其人，政得其节，百姓怀其德，四邻亲其义。夫如是，则国家安如磐石，炽如焱火，触之者碎，犯之者焦，虽有强暴之国，尚何足畏哉！"

这就告诉人们：对于治理国家的人来说，任命有才能的人为官，按照礼制确立政策法规，以仁爱之心安抚百姓，凭借信义结交邻邦。如此，官员由有才干的人担任，政事得到礼教的节制，百姓人心归附只因为他的德行，四邻亲近友善只因他的恪守信义。这样，国家则会安如磐石，炽如火焰，触犯它的一定被撞得粉碎，冒犯它的一定被烧得焦头烂额。如此，即便是有强暴的敌国存在，又有什么值得畏惧的呢！但要做到这一点，只有知人才能为事之至大，莫如知人识人，因此，一个成功人士首先必是一个善于识人知人的高手。

我们说，成事之先要识人，识人方可兴大事。

知人知面还要知心

一个卓有见识的人，即使在十分安全的地方，对生活中发生的不同寻常的事情或举动，都会居安思危，事先看透他人的真实居心，而采取未雨绸缪的防范之策。

第一个阶段是描述性阶段，通过初步的接触、观察即能描述所观察对象的外貌特征、兴趣爱好以及文化水平程度、工作情况、社会地位，等等。

第二个阶段是预测性阶段，即进一步了解观察对象的性格特点、思维特征、思想感情、为人处世的态度，等等。此阶段不但能够准确地描述一个人，而且还能预测到一个人的行为。

第三个阶段是解释性阶段，即进一步对一个人的性格成因、生活经历、行为动机及心理基础等进行全面的了解与认识。此阶段不但能预测一个人的行为，同时还能解释其行为的动机以及性格的心理基础。由此，观察一个人，必须正确掌握观察的深度，特别是对一个未知的"陌生人"更不可盲目地下结论，只有通过多方面的认真考察，才能获得准确的了解。

通过三个阶段的融会贯通，人们可以很快地了解一个人的内心动态。从而推断一个人的未来与动向。不少英才行为反常、性格怪异，甚至表现为顽劣不堪，但明眼人能透过表面现象看出他们的本来面目。

春秋战国时期，赵国的国王赵简子想确立王位的继承人。于是赵简子便写了一篇训辞，并将训辞分别写在两块竹简上面，叫两个儿子各执一块，并要熟记训辞的内容。三天之后，赵简子将大儿子伯鲁叫到身边，要他背诵训辞，可伯鲁一个字也没有背出来；叫他把竹简拿出来看一看，伯鲁说早就弄丢了，现不知去向。赵王虽然不悦，但并未面斥。接着赵简子又把无恤叫来，叫他背诵训辞，无恤从头至尾一字不漏地背了出来，后问他竹简在哪里，无恤立即从袖中取出，并恭恭敬敬地奉呈赵王。赵王心虽然高兴，但并未夸奖。通过这次考验，赵王了解了两个儿子的做事态度，认为无恤能够严守父训，做事认真，听从教育，勤谨有礼，便确立无恤为他的继承人。

与赵简子相反，出身农户的刘裕虽没有多少文化，却能够一统天下，他凭借的是自己的豪侠志气。

刘裕在东晋末年南北朝混战之际，崛起于行武，终其一生，戎马倥偬。这位靠战争登上皇位的农家子弟，勇武善战、胸有韬略，的确充满了"金戈铁马，气吞万里如虎"的英雄气概。刘裕曾在桓玄手下做一个小小的头目，当时桓玄已篡位，在私下，他的夫人对桓玄说道："依我看来，刘裕龙行虎步，风度不凡，恐怕不能为人下，不如早点除掉他，迟了恐怕养虎遗患。"桓玄说："我刚刚平定中原，目前正是用人之际，战时杀他对我没有什么好处。等关、河平定之后，再作打算吧。"一个女子能够很快看出一个人的将来，是与她平素看人无数，得出的结论分不开的。只是等到桓玄"再作打算"的时候，刘裕早已羽翼丰满，率领他的人马向自己的帝王之路进发了，不出几年，便夺取了天下。

　　由此不难得出一个结论，一个人的行动，他人没有心灵的睿智和一双慧眼是看不出来的。

　　伟人与凡人，心力高超的人与智力平平的人，差别仅在咫尺之间。就是在那很微小的地方，有的人发现了重要的甚或石破天惊的事件，有的人却一无所见。因此，每个人都不可忽略小事，常常就是在小事上，就在对一个人举手投足的认识上，可以看出事物变化的真实情况。

看透人心才好做事

　　古人说："世事洞明皆学问，人情练达即文章。"做事与"人情定律"是分不开的，不察、不懂人情是万万不可的，因为人情是无根的东西，要想把它固定，必须先牢牢地掌握它。

　　换言之，通晓人情，就是要具有一种设身处地、将心比心的态度。从正面而言，就是要"己欲立而立人，己欲达而达人"。就好比身上冷了要穿衣，应该想到他人也冷了，也应该穿衣；肚子饿了要吃饭，应该想到他人也和你一样。懂得这些，你就要"推食食人"、"解衣衣人"。

从反面而言，通晓人情就是要"己所不欲，勿施于人"。你爱面子，就别伤他人的面子；你要得到他人的尊重，就要先得尊重他人。"只许州官放火，不许百姓点灯"的事情，也不是没有人做。

当然，做到通晓人情还不够，有的人既通又晓，但自视清高，懒得去做人情。情要做出来，还需要有一定的人缘。人缘好的人，才会广交朋友受人们的欢迎。

虽然话是这么说，但人情的"通"，人缘的"有"，是不能靠守株待兔的，天上不会无缘无故地掉下一张馅饼，并且刚好掉到你的嘴里，只有去做，人情才会光临你。

做人情的前提就是先察言观色，善于识透人心。

察言，就是"闻一知十"，观色，就是"见面明意"。

张先生与王先生在一家商场相遇，王先生带着他的独生女，两人边走边谈些生意上的事情，当经过女装柜台的时候，张先生注意到王先生的女儿的眼光落在了一件红色的衣服上。第二天，张先生来到王先生的家，送给王先生的女儿一件红色的衣服作为礼物，王先生的女儿很开心，却没想到，她的父亲有一天要给"张叔叔"一个面子，将这个情还上。

曾有个"盲人摸象"的故事说的是，几个盲人摸象，摸到耳朵的说如笊篱；摸到肚子的盲人说如鼓一样；摸到牙的说像牛角一样；摸到鼻子的说像条粗绳索；摸到尾巴的盲人说似扫帚一样；摸到脚的盲人说似桶一样的东西。

由于视觉的障碍，盲人看不见大象的立体画面，每个人只摸到了大象的一部分，却把它当作整体来看，这个故事给所有知人、识人者怎样去全面认识别人以深刻的启示。

在人的潜意识中隐藏着性格、感情、想法、需要、长处、缺点等很多东西，这些部分构成了人的整体。反过来而言，人的整体如同一个立体的事物一样，是多面的。每个部分就构成了一个人的面，通过面可以判断一个人的本质属性。

但是，并不是所有的面都和这个人的本质属性相一致，人的本质属性是由大多数的面决定的，假如把人的个别面当成大多数的面，把部分当成整体，就会犯"盲人摸象"的错误。比如，把偶然犯错误的人们看成是"屡教不改"，把偶做一两件好事的人当成先进人物，这样的后果必定造成知人、识人的失误。要避免"盲人摸象"的错误，就必须借助于"立体透视法"来知人、识人。

所谓"立体透视法"，就是对人们做全面性的综合考察透视，反映这个人的整体以及这个整体和部分事物之间所构成的立体画面。

初次见面就要心中有数

看穿别人的心，特别是看穿初次相识的陌生人的心，说难也不难。再高明的人，也会在不知不觉中把自己的内心世界暴露出来，只不过暴露的程度、方式有所不同罢了。因此，你应当学会利用自己的眼睛和大脑，通过观察、分析形形色色的表象，抓住问题的实质。

下面介绍几种在第一次见面时如何看穿别人心灵的方法。

第一章 析微察异——看得透才能活得好

（1）从他打招呼的方式看他的内心

即使是一个看似简单的打招呼，也能给你制造了解对方内心的机会。你可以看看，以下列举的外在表现与所分析的内心世界是否一致。当然这种分析总会有一些例外，但大体上应该是准确的。

一面注视对方，一面行礼的人，对对方怀有警戒之心，同时也怀有想占尽优势的欲望。

凡是不敢抬头仰视对方的人，大部分都是内心怀有自卑感的。

使劲儿与对方握手的人，具有主动的性格和信心。

握手的时候，无力地握住对方的手，表示他有气无力，是性格脆弱的人。

握手的时候，手掌心冒汗的人，大多数是由于情绪激动，内心失去平衡。

握手的时候，如果目不转睛地注视着对方，其目要使对方在心理上屈居下风。

虽然不是初次见面，但始终都用老套的话向人打招呼或问候。这种人具有自我防卫的心理。

（2）从他的眼睛窥视他的心灵

初次见面的时候，首先将视线朝左右瞄射者，表示他已经占据优势。

有些人一旦被别人注视的时候，会忽然将视线躲开。这些人大体上都怀有自卑感，或有相形见绌的感受。

抬起眼皮仰视对方的人，无疑是怀有尊敬或信赖对方的意思。

将视线落下来看着对方，乃表示他有意对对方保持自己的威严。

无法将视线集中于对方身上，很快地收回自己视线的人，大多属于内向性格者。

视线朝左右活动得很厉害，这表示他还在展开频繁的思考活动。

（3）从他的举动看他的潜台词

人的一举一动，特别是下意识的形体动作，也能向你泄密：

交臂的姿势表示保护自己的意思，同样地，这种动作也能表示可以随时反击的意思。

举手敲敲自己的脑袋，或用手摸着头顶，即表示正在思考的意思。

摸头的手颤动得很厉害，即表示全心全力在思考的情况。

用双手支撑着下腭，大多数的情况都表示正在茫然的思考中。

用拳头击手掌，或者把手指折曲得咔咔作响，就表示要威吓对方，而不是在进行思考的活动。

（4）从他的癖习看他的特性

搔弄头发的癖习，是一种神经质。凡是涉及有关自己的事情时，他们马上会显得特别敏感。

一面说话，一面拉着头发的女性，大体上是很任性的女人。

说话时常常用手掩住自己嘴巴的女人，是有意要吸引对方。

拿手托腮成癖的人，即表示要掩盖自己的弱点。

不断摇晃身体，乃是焦灼的表现，这是为了要解除紧张而表现出来的动作。

双足不断交叉后分开，这种癖习表示不稳定。如果女性具有这一癖习时，就表示她对某位男性怀有强烈的关心之意。

多角度透视人物本质

《六韬》是中国最古老的兵法，里面详述了种种看穿对方心思的方法，其中对选人比较实用的有如下几种，对大家必有所帮助。

问之以言，以观其详，向对方多方质问，从中观察对方知道多少。公司招考新人的时候，必须对应征者来个"人物鉴定"，考官就得向应征者多方查问，这就是"问之以言，以观其详"的方法之一。

鉴定一个人物，不能只流于形式，需要发出足以判定对方真心的问题。

"你的嗜好是？""家里有哪些人？"这一类的问题，就是形式上的问题，对探查一个人的内心，毫无作用。

"你对这个问题有什么看法？""……这一类的难关，换了您，如何去打开僵局？"这一类的问题，就直捣核心，足以使对方的才能、思考力，露出蛛丝马迹，成为判断上的珍贵资料。

又如，身为上司，在遇到重大的问题时，不妨向部属或同事问一句："换了你，如何解决？"

这时候，平时看似应变有方的人，却为之语塞，或是答非所问；而看似不够机灵的人，却能提出迎刃而解的妙方——这种事实，会令你痛感一个人平时的外表和言行不足信赖。

穷之以辞，以观其变，不断追问，而且越问越深、越广，借此观察对方的反应如何。没有自信的人，面对一连串的"逼问"，就惊慌失措、虚言以对，就眼珠碌碌转……发问的人，就可从这些表情的变化，判断对方是个怎样的人物。对一件事一知半解的人，在"穷之以辞"的情况下，都会露出马脚。

明白显问，以观其德，把秘密坦率说出，借此观察一个人的品德。

如果听到秘密就立刻转告第三者，这种无法守秘的人，就不能深交，就不能合作，还是避开为妙。

对方是不是口风甚紧或者是否容易失言，只要泄露秘密给他，就知道他是个怎样的人。运用这个方法，往往会发觉平时自诩为"最能守秘"的人，反而是最会泄密的人。从这些反应，我们就能探知对方，是不是值得信赖的。

使之以财，以观其廉，让他处理财务，借此探测清廉与否。

把一个人派到容易拿到回扣的单位去服务，就容易看出他是不是为人廉洁。服务于容易拿到回扣的单位，一些有私心的人即使开头坚决不拿回扣，时日一久，也会随波逐流，见钱眼开。要想试探一个人的清廉与否，只要派他到那样的单位，就会真性毕露。

告之以难，以观其勇，派给他困难的工作，借此观察他的胆识、勇气。平时口口声声"遇事果断"的人，一旦危机临身，往往不知所措，还会满腹牢骚。

个性越是柔顺的人，遇到困难越是仓皇失色。因此，若要试探一个人的胆识、勇气，就得把困难的工作，接二连三地交给他去处理，从中观察他的反应。

醉之以酒，以观其态，请他喝酒，借此观察他的态度。平时守口如瓶的人,"黄汤"下肚就完全变了样,不但满口牢骚,还会猛说别人的坏话,这样的人就可判定他是一个经常怀有不满,甚至忌妒心强烈,有害人之心的人。

以意志坚强、灵敏果断闻名的亚历山大大帝,喝酒之后也会大醉失态,惹了不少麻烦。他在痛下决心之后,只要沾了酒就独处。营帐中,拒绝见人。一代英雄尚且如此,更何况凡人?所以说"醉之以酒,以观其态",是很管用的"人物鉴定法"。

全方位把握人物特点

任何一个人,其性格作风、思想境界、专业能力、学识水平等,都是在不断发展变化的。有的人越变越好,小才变为大才,歪才变为良才;有的则由好变差,或由风华正茂变为江郎才尽。

汉代叱咤风云的大将韩信,早年家贫,又不会做买卖,常寄食于别人,众人多嫌弃他。淮阴屠户当众欺负他,使他蒙受"胯下之辱"。他后来投奔项羽,不受重用。汉丞相萧何不计其过往劣迹,慧眼识真才,发现他具有卓越的军事潜能。萧何月下追韩信,向刘邦保举其为大将军,并鼓励他施展才华。在漫长的楚汉战争中,韩信充分发挥了他的军事才能,为刘邦建功立业出了大力。

如果刘邦总是用韩信受过胯下之辱的往事来估量韩信的才能,而没有发展看人的慧眼，则韩信就只能成为别人眼中的武夫、无能之辈，一代人才就会被埋没。

从上面的事例中可以清楚地看出，用静止、孤立的观点看待人，会把活人看成"死人"。只有在发展中看人，才能真正做到知人识人的客观公正。

反观今天的某些企业管理者，平时总是嘴上说自己观察人是多么仔细、多么准确，并且总是能够首先看到人家的发展方向。这些话让手下人不免为之心动。可在实际工作中，他们却往往总是一提到某人，就先从这个人以往的某几件事情上大肆议论，历数他过去的种种过失，然后，就轻易地下结论说，这个人似乎也就这样了，以后难有作为。这种用静止的眼光识人的做法，实际上是非常愚昧狭隘的。

人是在发展变化中走向成熟的，总是在不断总结经验教训中增长才干，发挥才能。善于用发展的眼光来识别人，才是唯物主义的科学态度。

因为他不仅仅是在识察人的潜能，也是在培养人，如果总拿一个人过去的失误来判断他的未来发展，从而否定其潜在的能力，这等于是用其以往的经历以主观臆断来压制他的潜能的发挥，打击他的积极性，同样也是在打击他的自信心、进取心，当然也就更谈不上培养和造就人才了。

其实，作为知人识人者，真正以发展的眼光来识别人，实际上也正是他自身素质不断提高的过程。

人无完人，不要只看缺点

古有明训："人无完人。"看人总要往好处看，对人性才有信心，才敢把事情放心交托给别人。如果总是盯着别人的缺点，看不到他的长处，也许会把一匹千里马当成了一匹跛脚驴子。只有透过缺点看优点，才能找到真正的千里马。

一家人有五个儿子，但是五个儿子"各有千秋"：长子质朴，次子聪明，三子目盲，四子驼背，五子跛脚。如果按照常理看，这家人的日子会过得相当困难。可是出人意料的是，这家人的日子却过得挺顺当。有好奇心的人一打听，才知道那人对五个儿子各有安排。他让质朴的老大务农，让聪明的老二经商，老三目盲，正好可以按摩，背驼的老四可以搓绳，跛足的老五便成了守家纺线的好手。这一家人各展其长，各尽其长，日子过得能不顺当吗？

试想，如果这个人仅仅看到几个儿子的缺陷，他不被愁死才怪呢？

但是他转换了一种思维角度，从扬长避短的角度出发，发现了儿子们具有正常人所不具备的生理优势。这样一来，全家无一废人。

天下没有完人，也没有无用之人。你把注意力集中在人的缺点上，则世无可用之人。把注意力集中在优点上，缺点就不那么重要了，然后用其所长，则世无不可用之人。

美国南北战争时期的著名将军格兰特具备卓越的军事才能，但同时又是一个好酒贪杯的酒徒。但是，林肯看到的只是他的帅才，而不计较他的缺点，因此大胆地起用了格兰特。当时林肯对众多的反对者说，你们说他有爱喝酒的毛病，我还不知道，如果知道我还要送一箱好酒给他喝！格兰特的上任，决定了战局的转折。

什么是好？什么是坏？什么是优点？什么是缺点？对这些问题，每个人都会有一些答案，但未必是"正确答案"，其中不少只是个人偏见。因为好与坏、优点或缺点，并无一定，一旦形成了定式，在处理事务时必然会缺少变通。

就用人来说，目的是为了做大事业，理当从需要出发，从观念上打破条条框框的束缚。有时候，所谓优点或缺点，只是个性问题。你看见某人一个缺点，在别人眼里却是优点。其实这只是个性偏好所致，并非真的优点或缺点。所以，干大事的人不执着于好坏长短，在看人时多考虑优点，在用人时多考虑有利无利，所以他们有大胆用人的底气。

有一位厂长可谓用人高手，他不仅能够用人所长，还善于将短变长，用人所短。比如安排遇事爱钻牛角尖者去当质量检查员，让处理问题头脑太呆板者去当考勤员，让脾气太犟争强好胜者去当攻坚突击队长，让办事婆婆妈妈者去抓劳保，让喜爱聊天能言善辩者去搞公关接待。这样一来，厂里一切便都秩序井然，效益时时见好。

在平常人看来，短就是短；在有见识的人看来，短也是长。古语说："尺有所短，寸有所长，不知人长中之短，不知人短中之长，则不可以用人。"这种观人的智慧充满了辩证法，以此用人，则大才、小才、奇才、怪才、庸才以及不才都能被你所用，那么，身边必然是人才济济，到处都充满生机。

第一章 析微察异——看得透才能活得好

看人不要戴有色眼镜，只要有一技之长，无论君子小人，用得好都能产生你需要的价值。

看人要避免情绪作用，冷静地发现别人身上的长处，并有效使用。

春秋时期，齐国孟尝君好招揽人才，座下有门客三千。一次，有两个人前来投靠，其中一个身材小巧，能钻狗洞，而另一个会学鸡叫。除此之外，他们别无所长。孟尝君还是把他们留下来了。好多门客不服气，认为这两个人没什么用，哪有资格跟他们为伍？但孟尝君劝他们说，世无不可用之人，有一技之长就是人才，不可轻视。

过不久，孟尝君奉命出使秦国。秦昭王想让孟尝君留下来做相国。有人劝秦昭王说："孟尝君很有本事，又和齐王是本家，如果在秦国做了相国，他一定先替齐国打算而后才为秦国谋利，那么秦国就危险了。"

于是，秦昭王就不让孟尝君当相国了，而且把他关起来，想把他杀掉。孟尝君派人求秦昭王的一个宠姬帮忙说情。这个宠姬说："我想要孟尝君的白狐狸皮袭。"

孟尝君确有这样一件皮衣，价值千金，天下无双。然而他在到了秦国以后，就献给了秦昭王。孟尝君很发愁，问遍门客，谁也想不出对策。

这时，那个会钻狗洞的门客说："我能弄来白狐袭。"他在夜里装成一条狗，进入秦王宫中储藏东西的地方，偷出孟尝君献给秦昭王的那件皮衣。孟尝君又把这件皮衣献给了那个宠姬。宠姬替孟尝君向秦昭王讲了情，秦昭王就把孟尝君放了。

孟尝君获得行动自由以后，换了证件，改了姓名，混出咸阳，连夜逃往齐国。秦昭王放了孟尝君以后，又后悔了，让人去寻，而孟尝君已经逃走了，于是他就派人驾车追赶。

半夜时分，孟尝君来到函谷关下，却出不了关。因为秦国有一条规定：鸡鸣以后才准放人通行。孟尝君怕追兵赶到，心里很着急。这时，那个会学鸡叫的门客捏起嗓子，学着公鸡打鸣的声音，十分逼真，引得附近的公鸡也鸣叫起来。守关的人听到鸡叫，就开关放人通行，孟尝君得以顺利脱逃。

当孟尝君在秦国遭难时，那么多才子贤士都束手无策，全靠这两个只会一点雕虫小技的人才得以脱险，由此可见用人之道，确有奥妙，不可以常理度之。

有王霸之才者，君子小人莫不乐为之用。有些人确有大才，也有明显的品格缺陷，这种人用好了是个宝，用不好是个精怪，要有王者气度和超强统御力的人，才用得好这种人。

特朗普出身豪富之家，在沃顿金融学院读书时，他在某地发现一个公寓村，共有800套住房闲置。于是，他建议父亲将这个公寓村全部买下来，交给他经营。由于他还要读书，就聘请一个名叫欧文的人当经理，代他管理物业。欧文颇有治事之能，很快使公寓村的各项工作走上正轨，几乎不用特朗普操心。

但是，欧文有一个令人讨厌的毛病——偷窃。仅一年时间，他偷窃的公物即高达5万多美元。

特朗普发现欧文这种毛病后，从心情上来说，他恨不得让这个家伙立即滚蛋。但是，从理智出发，他觉得还需要慎重。一方面，他一时找不到一个合适的人接替欧文的职位；另一方面，他认为公司不仅是一个赢利的地方，也是一个传播文化、培训人才的地方，对一个有毛病的人，不加教育就推出去，是不负责任的态度。

最后，特朗普决定给欧文一个改过自新的机会。他将欧文找来，给他加了工资，并指出他的毛病，建议他以后一定要检点自己的行为。欧文既羞愧又感激。自此，他改掉了恶习，兢兢业业工作，为特朗普赚了好几百万美元。

在选才用人时，因为一个人的缺点而抛弃这个人，是最省事的做法，却不是最好的做法。人的优点与缺点经常是伴生的，往往能力越强的人，缺点越明显。你想用能人，只好忍受他的缺点。正如松下幸之助所说："你想全用好人为你工作是不可能的。与其精挑细选，不如大胆用人。"

微表情看人心的十大忌讳

（1）切忌"先入为主"

我们与不相识的人初次见面时，对方首先给我们留下印象的一般总是外貌。外貌（包括长相如何、风度怎样等）似乎决定着第一印象的好坏。他人给我们留下的第一印象是相当深刻的。但是，我们认识人不能只停留在第一印象上。第一印象只是对一个人的认识的起点，而绝不是终点。因为它毕竟是建立在信息不足，尤其是反映内心本质的信息不足的基础上的，因而具有一定程度的表面性和片面性，有时还会有虚假性。并且，第一印象也常常受我们的生活经验、我们个人的好恶倾向所左右。须知，生活中，人是可以改变的。所以我们应该努力看得更深刻一点。

第一印象基本上是由直觉得出的。我们对直觉不能不信，也不能全信。直觉往往最纯净、最不被掩饰，但是它也往往是最简单、最肤浅的。因此，不要光凭直觉，除非受过专门的训练，已达到老练的侦探或者渊博的心理学家那样的水平。记住：全然听信"第一印象"是幼稚的，甚至是危险的。应当去验证它。如果后来所观察到的事实与第一印象不符，就应尊重事实，去除先入之见。

不了解事实真相，就不可能明智地思考问题。有些人并不逃避思考，可是在分析问题时，总喜欢像猎犬追捕猎物似的一个劲儿地捕捉那些足以能够说明其先入为主的观点和事实，而对其他情况不屑一顾。他们只对那些说明其行为正确性的事实感兴趣。

有人常根据听到或知道的关于他人的情况，在未与其见过面时就做出判断，他们甚至在与其见面后，怀疑或无视自己的判断，以符合原来的结论。

先入之见使人不可能有真正的洞察力，必须努力克服。克服先入为主的最好方法，是把感情和事实严格区分开来，努力做到对事实做客观、公正和全面的分析与判断。

（2）只从自己的角度看问题

我国有句老话说"看人挑担不吃力"。仔细琢磨这句话，可以感到回味无穷，启发不少。

有时候，我们常常百思不得其解，"这个人为什么会这样呢？"

其实，只要你在内心假设处在此人那样的位置和情况，你会怎样做，就会明白此人的行为了。你也许会发觉，你也不得不和此人曾经做过的一样，甚至还不如此人。

"设身处地"，这不仅有益于搞好人与人之间的关系，也是了解别人的最简单的一个方法。

Ａ当小科员时，常常在背后议论科长无能，"一件小事也要考虑再三"、"优柔寡断"，宣称如果有朝一日能"掌权执政"将如何如何，大有扭转乾坤的气势。事有凑巧，不久Ａ果然"上马施政"，结果大半年下来也不过如此而已。Ａ深有感触地说："看人挑担不吃力。现在才知道办一件事是多么难啊！看来前任科长不是优柔寡断而实在是身不由己，何况在那样的情况下还做了许多事，真是不简单啊！"

　　将心比心，设身处地，有助于更加深入地认识一个人。

　　（3）不保持适当的距离

　　西方有这样一句谚语，说出了一个很平常但又深刻的道理："英雄的妻子，不知道自己的丈夫是英雄。"

　　事实常是这样，对于朝夕相伴的人，一方面非常熟悉，闭上眼就能说上十几条特点；但另一方面，对其特点也容易漠然视之，有什么新变化、新发展，也常常不注意了。

　　要深入了解一个人，就应该长时间与其接触。但是，这又会造成习惯上的错误，有许多问题反而难以觉察，因为"脸挨着脸，就看不见脸"。

　　心理学研究表明，人对人恰如其分而正确的理解无须经过长期的、过分亲密的熟悉。在时间长短、密切程度和恰如其分的认识等参数之间，最有可能存在曲线关系。更准确地使人们彼此相互理解，必须有某种最适合的时间和适度的密切程度。

　　这两者是相互依存的。如有一方面不合适，就会限制有关的必要信息，与此同时，长时期的过于密切地相处，很可能歪曲相互理解的准确性，给对方凭空抹上许多色彩，或过高地估计了对方。要知道，"情人眼里出西施"。两个互相很要好的人，彼此在内心留下的都是对方美好的形象。这对于认识一个人是不利的。从这个意义上可以说"熟知并非真知"。

因此,在与一个人的结识时间不过长、关系不过密时头脑最冷静客观,这时对于正确地认识此人是最适合的。

(4)不敢进行大胆猜测

要认识、判断一个人,不妨先根据此人留给我们的最初形象来进行分类,假设就是这么一种类型的人;然后,再在实际生活中逐步去有意识地观察,看看是否符合我们的假设。如果全部符合,此人就是我们原来假定的那种人;如果全部不符合,此人就是另外一种类型的人;如果部分符合,此人就是具有这种类型的人的某些特征,一般这种情况最多见。这样,至少有助于我们的认识。

大数学家高斯曾说过:"如果没有某种大胆放肆的猜测,一般是不可能有知识的进展的。"现实生活中也是这样。

当然,运用这种方法,首要条件是已具有了认识人的丰富的知识,而且还应注意不要落入定式心理的陷阱,用先入为主的框架套人。分类是必要的,但更重要的是与事实是否相符。要灵活,而不要偏执、死板。

记住,我们仅仅是假设。

(5)不用比较的方法

俗话说:"不怕不识货,就怕货比货",认识人也是这样。见的人多了,就会自然而然地感觉到张三与李四的差别,李四与王五的不同了。

比较,是我们认识周围世界和思考问题的一个重要方法。比较在我们的日常生活中随处可见。例如,一个买鱼的人说"现在鱼真贵"。所以认为鱼贵,是和过去相比,过去几角钱一斤的鱼,现在几元钱一斤。又如,"今天天气真好",这总是和过去有几天不好对比而言的。我们也时常这么说:"老张家的两个儿子长得挺相像,可老大老实,老二滑头。""老李的两个女儿都长得水灵灵的，不过小女儿比大女儿更漂亮。"说某人聪明、漂亮、高尚，或者愚蠢、难看、卑劣，都是和别人对比而言的。

可以说，心理比较是人们普遍的心理状态，没有比较是不可能的，问题在于怎么比。如对比的方法正确，会收到良好的效果。

"横看成岭侧成峰，远近高低各不同"。如果只有横向视野，没有纵向视野，或者只看近不看远，就会由此产生各种错觉、猜疑和误会。

比较是一个好方法。它对于认识人，分辨出人们之间的微小差异是有很大帮助的。

（6）不以偏见识人

正确地认识一个人之所以极其困难和复杂，其主要原因就在于感情对于我们的理性的干扰和影响，使我们常常迷失方向，走向歧路。

当我们认定某人是好人时，其一切就都变成好的了；当我们认定某人是坏人时，其一切就都又变成坏的了，甚至以前做的好事也被说成"别有企图"。感情，统治着人的内心，神秘而无所不在，有时甚至可怕。

培根说："情感以无数的，而且有时是觉察不到的方式来渲染和感染人的理智。"《圣经·诗篇》中说，一个人情感激动时，"虽有耳朵，却听不见"。

每个人都有自己的偏见，认识上的局限、感情上的偏爱。人们不会轻易就达到互相了解，即使有最美好的意愿和最善良的目的。而如果当偏见蒙住了人的眼睛，想要去除是相当艰难的。无论是证据、常识还是理性，都对偏见望而生畏。

"不识庐山真面目，只缘身在此山中"。只有跳出感情的圈子，摆脱利益的束缚，心平气和地去观察了解一个人，才会有更清楚的认识。

（7）不看他周围的人

认识一个人还有一个很简便的方法，即只要看看环绕着这个人的经常是些什么人就行了。

"物以类聚，人以群分"。人们总是喜欢与自己志趣相投的人，也总是喜欢与自己相似的人。一个喜静、乐于思考、性格内向的人，一般不会喜欢与大吵大嚷、轻浮、外向的人交往了，一个行为主动、办事沉着的人也一般不会喜欢一个行为被动消极、办事急躁慌张的人。由于各种原因，有时人们会结交与自己截然相反或者反差很大的人为友做伴，但只要仔细分辨一下，真正从内心喜欢的，还是和自己相似的人。

同时，长期的、稳定密切的人际关系，会使交往双方在某些行为准则、性格特点、价值取向等方面变得相近或者相同起来。所以说，"近朱者赤，近墨者黑"。

（8）以貌取人

人们长期以来形成了这样一种观念：好人必定是身高体壮、眉清目秀；而坏人则总是形容猥琐、獐头鼠目的。

其实，人的相貌之好坏，与其内在素质之优劣，并非都是成正比的。据说大圣人孔子满脸是毛，相貌不佳；周公又瘦又小，像干枯的树桩。但他们都功业卓著，名垂千古，使后人仰慕不已。而桀和纣，尽管长得英俊高大，是当时天下有名的美男子，但结果却遗臭万年。

"人不可貌相，水不可斗量"。如果仅以相貌来判断人，最终会失误的。唐朝的安禄山，长得肥胖，肚子很大，一副忠厚的样子。一次唐玄宗问他："你这肚子里都装些什么玩意儿？"安禄山答道："我的肚子里装的只有对你老人家的赤胆忠心，别的什么也没有。"唐玄宗听了心花怒放，对安禄山越发信任。可后来，安禄山却兴兵作乱。

（9）不进行独立的思考

倾听别人的意见固然是很重要的，但听过之后，自己还要再思考。当确信自己的观察、认识是正确时，就绝不可轻易地被别人的言论所左右，即使100个人当中有99个人唱反调也要坚持下去。

不过，要注意的是，不要被偏见、成见束缚而固执己见。如何把握好这个分寸，全在于自己是否冷静、公正、客观。尤其是年轻人，思想依赖性大，往往容易怀疑自己的直观感觉，又容易受到外来意识的影响，轻易地动摇自己正确的判断和见解。

不同的人有着不同的评价标准，这是客观事实，也是很正常的。

因此，成见不可有，定见不可无。应记住：眼睛比耳朵更可靠，但是如果不运用自己的头脑进行认真的思考，那么，眼睛看得再多，耳朵听得再多，也是毫无益处的。

（10）做极端的判断

有的人这样写道，"人，乃是宇宙间最错综、最完全的事物：融怜悯、友善、坚韧、顽强、智慧、高尚于一身；集自尊、自私、懒散、贪婪、愚昧、卑俗于一体。"确实，一个人的性格是多方面的，只不过一个突出的侧面掩饰了其他的侧面。

人都存在着自我矛盾，有时为爱国热情所燃烧，似乎贡献生命也在所不辞；有时却心灰意懒，想躲进深山老林以遁世……

不要强求吧！这就是人。在现实生活中，2乘2往往不等于4。因此，不要做极端的判断。作为社会的人，其心灵世界是极其复杂、极其丰富的，不可能是单一色的。高尔基在他的长篇小说《三人》里，曾经借主人公伊利亚的口说过这样的话："如果一个人是坏的，也还有好的地方；如果一个人是好的，也还有坏的地方。我们的灵魂是多色的，随便什么人都是如此。"

假如你喜欢十全十美的标准人物,那么文艺作品也许能满足你,但是在你的一生中恐怕永远也不会遇到这样的人。人若要达到完善、完美,还需经过漫长的"修炼"。

总之,只有在实践中考验、识别一个人才是最可靠的,才能减少判断失误,而和谐的判断,不仅是不可靠的,也是不可取的。

第二章 相由心生
——脸部扫描会告诉我们什么

俗话说"相由心生"。人,或许可以控制自己的言谈与举止,但绝对控制不了自己的外貌。而外貌恰恰是人内心的显示屏,它能流露出比言行更为真实的信息。假如你能读懂他人的外貌,那么,你也就能更为了解他人的内心。

我们从脸谱上能看到什么？

关于人的面相，曾经有这样一则有意思的故事：在林肯做美国总统的时候，有人给他推荐了一个学识和资历都不错的人做教育官员。但是林肯只是见了那个人一眼就拒绝了。林肯说："20岁前，一个人的脸主要拜父母所赐；活到了40岁，就应该对自己的脸负责。"

为什么这么说呢？因为人脸除了可以表现喜怒哀乐外，还反映一个人的品德、素养、气质等。从面相窥探人的个性行为并非毫无根据。

脸颊是最可能流露出真实感情的部位，若情绪起伏时会跟着产生最明显的颜色变化。因羞耻或性方面的尴尬而呈脸部泛红，最先出现在脸颊中心——两个渐转为深红色的小圆点——而后很快扩散到脸部皮肤表面的其他地方，如果持续得厉害，还会蔓延到颈部、鼻子、耳垂、上半胸部等部位的皮肤。会脸红的人一般是年轻、怯生而又不擅长社交的人，他们在复杂世故的环境中，除了显出毫无经验与不必要的天真之外，其实也没什么可引为羞耻的事。

脸颊也可作为愤怒的指标——愤怒时，脸颊乃骤然转为鲜红的颜色。这是另一种转红的形态——骤时转为通红而不是由脸颊中心慢慢扩散开来。如果一个男人生气了，而他又是秃头，还可以看到红色，一直扩散到头颅顶上。气愤中的男性或女性，他们的情绪皆属抑制攻击的形态，他们

第二章 相由心生——脸部扫描会告诉我们什么

可能发出种种可怕的言辞以示威胁，但肤色转变则表示他们的情绪已受到挫折。真要发动攻击的人，脸颊会变得十分苍白，近乎白色，因为血液离开皮肤而准备立即行动。这是真正可能立即采取攻击的人的脸孔。同样的，在极度惊骇的情况下，脸颊也会变得苍白，准备即时逃跑或已陷入绝境而准备采取激烈的行动。苍白的脸孔表示随时准备采取激烈的行动，泛红的脸孔表示愤怒与惶恐，粉红色的脸孔则表示先前已有多次的经验。人类的脸颊自古以来就是以此方式传递情绪状态的转变。

每当人们疲倦了但又得坐在桌前时，最可能采取的休息姿态便是用一只手撑着脸颊，仿佛撑着一个沉重的头。当演讲者或老师看到有这些姿态，应该可以体会到他已令某些人厌烦了。表示厌烦更明显的姿态是皱起脸颊，一边的嘴角用力往后拉而皱起脸颊的肌肉。这也是表示怀疑，甚至强烈讥讽的动作。

从脸谱识人，其实有章法可循：

（1）用出人意料的言辞试探对方

要窥探别人的心意，应从观察表情着手。"表情"二字，照字面解释，就是表示感情，因此，我们应该可以从对方的表情，察觉他的心意。

不过，在通过表情观察心意的时候，必须注意到一点，就是人可以由意志力控制表情而达到某种程度。发怒、发笑，或是表情死板，都可以装假。只要看看舞台上的演员，他们能够随剧情的需要而做出种种表情，就可知道，表情是可以伪装的。

因此，在观察表情以透视人心的时候，要注意一项秘诀，就是要使对方失去控制表情的能力，换句话说，就是使他的内心产生激荡，然后观察他的真实表情。譬如说：以意外的事情惊吓他，或者以锋利的言辞激怒他……都可以使他的意志失去控制，泄露内心的感情。

可是，碰到对方是个训练有素的人物时，普通方法只能使他的心理发生动摇，外表还不致显现出来。对付这种阅历丰富的人，必须使用更强烈的刺激，才能对他发生一点效用。

总而言之，不要在对方情绪平稳的时候进行观察，把握对方情绪动摇的时刻，再进行观察试探，比较容易看出事实的真相，这就是观察表情的秘诀。

此外，应用"试探透视法"，来观察他人表情的变化，也是十分重要的。

（2）表情的观察方法

"porkerface"这句话，是起源于桥牌；玩桥牌时，脸上做出一副满不在乎的表情，使对方难以猜透自己手中的牌，就叫作"porkerface"。

在玩牌的时候，不论技术如何，做出毫不在乎的表情这点本事，是几乎每个人都有的。我们在儿童时代，就已经学会当情况不妙时，表现出"与我无干"的神情。

但是不论如何假装表情，还是很难不泄露内心情绪的动摇，何况对方出其不意、攻其不备，再怎么厚的脸皮，也难以发挥功效了。

但是需要注意一点，表情的变化只是瞬间的事，过了这一刹那，又能很快地装成若无其事。虽说人的意志可以控制肌肉的活动，但在生理的活动力量比意志力强的时候，还是不会受人体意志所左右，所以，极端冲动的时候，肌肉还是会抽动。肌肉抽动最明显的部位是嘴巴附近，尤其是嘴角，最容易因为情绪紧张而产生痉挛。除此之外，眉毛和鼻子也容易发生抽动的现象。

仔细观察上述部位的细微变化，就不难看出对方的心理是否正在发生变化。

不过，由这些表情的变化，还是不能肯定引起变化的症结何在。比方说，一个人到了陌生的环境，常会因为紧张而声音颤抖，也可能脸红。如果因这些情绪变化而断定他有难言之隐，那就大错特错了。

总而言之，判断对方情绪发生变化的原因，还是要配合对方的立场和周围的环境，再做最后的决定。

还有，故作镇定也是一种情绪变化的说明。当一个人在应该发生情绪变化的时候，反而非常镇定，这就显示他的内心正有所激荡，而在强行压抑。而此刻故作镇定的表情多少要显得不够自然。所以，神情表现得自然不自然，也可以帮助我们判断对方的心理。

对于表情的判断，时常会因为个人"先入为主"的观念，而发生偏差。就拿微笑来说，一个你有好感的人所发出的微笑，你会认为是善意的微笑，如果你对这个人没有好感，就会认为他这是不怀好意的嘲笑。所以在下判断的时候，要先抑制自己的主观意识。

微表情——心灵的真实反映

有一句话说：笑意写在脸上，欢乐留在心中。可见脸部的表情是内在情绪的晴雨表，不可不察。

由于脸部的肌肉，比身体上其他部位的肌肉发达，所以，随着不同的感情变化，面部表情的变化就很显著，特别是眼睛与口周围的肌肉更发达，当我们研究大脑皮质的运动时，可以发现脸部与手的活动比其他部位灵敏。

某种感情的出现，会带来表情的变化，这使我们理解到，感情的表现跟脸部的肌肉活动是息息相关的。彼此发生冲突时，会产生与平时不一样的表情：眉毛下垂、眉头皱起、牙齿虽然未露出来，嘴唇却紧绷着，微微向前突出，头和下颚挑衅地向前挺出，和对方怒目相视，在这种情况之下，彼此都牢牢地盯着对方，如果避开目光，就意味着失败或害怕。

如果表达震惊的情感，嘴会不由自主地张开，下颚的肌肉会放松，下颚下垂；如果对某件事情发生了兴趣，会不由自主地张开嘴巴，眼睛下的每一条面部肌肉都放松了，有时甚至会伸出舌头来。

不愉快或迷惑可以借助皱眉来表达，嫉妒或不信任时会扬起眉毛，想采取敌对的态度时则绷紧下颚肌肉，不仅如此，嘴唇也紧紧闭上，并且斜目瞪视，这表示他摆出一种防卫姿态，而且尽量不再说话或做出其他反应。

眉宇之间的心情体现

人类眉毛的功能，无疑是表示心情的变化。过去曾有人认为它们主要的功用是防止汗水和雨水滴进眼睛里，就像位于前底部的两道承溜似的。眉毛是有这种功能，但更重要的还是与表情有关。每当我们的心情改变，眉毛的形状也会跟着改变。

眉毛的变化丰富多彩，心理学家指出，眉毛可有二十多种动态，分别表示不同心态。

与眉毛相关的动作主要有：

（1）双眉上扬，表示非常欣喜或极度惊讶。

（2）单眉上扬，表示不理解、有疑问。

（3）皱起眉头，要么是对方陷入困境，要么是拒绝、不赞成。

（4）眉毛迅速上下活动，说明心情愉快，内心赞同或对你表示亲切。

（5）眉毛倒竖、眉角下拉，说明对方极端愤怒或异常气恼。

（6）眉毛的完全抬高表示"难以置信"。

（7）半抬高表示"大吃一惊"。

（8）正常表示"不做评论"。

（9）半放低表示"大惑不解"。

（10）全部降下表示"怒不可遏"。

（11）眉头紧锁，表示这是个内心忧虑或犹豫不决的人。

（12）眉梢上扬，表示是个喜形于色的人。

（13）眉心舒展，表明某人心情坦然，愉快。

手指连着心

俗话说：十指连心。手指的变化与人心的变化是相映成趣的。善于观察的人，能够从十指的姿势了解人物的性格和心态。

伸手时五指全部分开者，此人性格开朗，乐观轻松，不易患"七情"内伤病症；伸手时不自觉分开拇指者，性格自负倔强而雅量不足。

伸手时不自觉打开食指者，凡事喜欢独立行动，从无依赖心，不易与人相处；伸手时不自觉打开无名指者，有外和内紧的心理，对外人和蔼可亲，对家庭缺乏体谅。

伸手时五指并拢者，做事有理有条、小心谨慎，计划性强，但过于细心，要求别人亦高，做不到时易自寻烦恼；伸手时整只手缩卷，具有滴水不漏的精神，做事小心、生活俭朴、精打细算、从不吃亏；伸手时小拇指常分开者，性格不太合群。

对方掌心向上伸给你：应酬对象心理懦弱而且缺乏个性。你可能很容易支配他而不会引起他的反感；对方掌心向下伸给你：应酬对象有高人一等的心理表示。小心！他有支配你、控制你的企图。"

对方手掌向你直伸：应酬对象有平等待你之心，你们可以成为一对平等的朋友。对方用双手握住你的手：应酬对象心理上想留给你一个热情的印象。如果你们交往时间不长，要警惕他的动机。

对方用手握住你的指尖：应酬对象心理缺乏自信或冷淡。你必须在今后的交往中打破这种距离感。对方握手的手潮湿：如果没有外界原因（如：刚接触过水），那么，他在心理上一定十分紧张。

我们都知道一个人向你伸出大拇指是在赞扬你；如果他对自己伸出大拇指，他是在向你表明："我有力量！我没问题！我会胜利！"而一个人如果对你伸出小指，那便是一种最明白不过的污辱，他在心理上向你示威。

动作手势是一种独立而有效的符号语言，它能加强语言的力量，丰富语言的色调。你要去调处纠纷，你的头部是对方集中观察的主要目标之一，所以说，做好头部动作尤为重要。你可以用点头和摇头的动作，表示你对他的观点的赞许或反对。比如，你可以伸出你的大拇指，表示对某个问题、某个人自的肯定性评价；也可以两手抱成圆形，表示"包围"或"团结起来"的象征含义等。你伸出一只手，用另一只手扳倒一个指头，表示"第一"，再扳倒一个，表示"第二"等。你玩弄一下手中的铅笔，用指头轻轻敲击几下桌面，用手指梳拢一下头发，或者整整衣襟、拍拍脑袋等，往往被用来在一些令人紧张的情境中协调气氛。你的动作手势，也可以起到弥补有声语言不足的作用，增加有色语言的分量。比如，心情愉快时，往往会不自觉地把两手举在空中挥动；心情悲苦时，忍不住会抱头弯腰，使身体呈圆缩形；当愤怒时，不免要举拳猛击。

有人总结，常见的手势，有上举、下压和平移等三大类；各类义分双手、单手两种；每种又分为拳式、掌式、屈肘翻腕式等。手向上、向前、向内，往往表达希望、成功、肯定等积极意义的内容；手向下、向后、向外则往往表达批评、蔑视、否定等消极意义的内容。如空中劈掌表示"坚决果断"；手掌微摇，表示"蔑视"或"无所谓"；双手向前摊开，表示"无可奈何"；举起拳头从上劈下，表示愤慨或决心等。

双手插兜露出两拇指；他有傲慢的心理反应，这类人作为应酬对象必须在气势上压倒他；来回擦掌：心理表现为不安，不知所措，焦急；十指交错两手互钳：好机会，快去安慰他，他现在非常沮丧。

两手相对成尖塔：这类人自信心相当足。如果你不认识他，他极可能是高阶层的白领人士。双臂交叉胸前：他在心理上拒绝接受你，而且对你始终保持着一种戒备的态度。所以说，控制动作手势很重要。

鼻子里面蕴含的语言

人的五官中，鼻子和耳朵是最缺乏活动的部位，因此，很难从观察鼻子的动作读出对方的心理，人们对于鼻子高低、大小等形状或种类所象征的性格，虽然有各种的说法，但那些究竟只是指固定不动的鼻子而言，却忽略了鼻子也有捉摸不定的动作，诸位不妨从读心技术的立场，注意鼻子的动静，试着读出对方的心。

（1）鼻孔胀起时

在谈话中对方的鼻孔稍微胀大时，多半表示对您所说有所反应不满，或情感有所抑制。通常人鼻孔胀大是表现愤怒或者恐惧，因为在兴奋或紧张的状态中，呼吸和心律跳动会加速，所以会产生鼻孔扩大的现象，因此，人在极度的高兴、愤怒之时往往表现得"呼吸很急促"。这说明其精神正处在一种亢奋状态。

至于对方鼻孔有扩大的变化，究竟是因为得意而意气昂扬？或是因为抑制不满及愤怒的情绪所致？这就要从谈话对象的其他各种反应来判断了。

（2）鼻头冒汗

有时这只是个人生理上的毛病。但平日没有这种毛病的人，一旦鼻头冒出汗珠时，应该就是对方心理焦躁或紧张的表现。如果对方是重要的交易对手时，必然是急于达成协议，无论如何一定要完成这个交易的情绪表现。因为他唯恐交易一旦失败，自己便招致极大的不利，因此心情焦急紧张，而陷入一种高度紧张的状态，以至鼻头发汗。

而且，紧张时并非仅有鼻头会冒汗，有时腋下、手心等处也会有冒冷汗的现象。没有利害关系的对方，产生这种状态时，要不是他心有愧意，受良心苛责，就是为隐瞒某个秘密产生了紧张。

（3）鼻子的颜色

鼻子的颜色并不常发生变化；但是如果鼻子整个泛白，就显示对方的内心有所恐惧。如果对方与自己无利害关系，多半是他踌躇、犹豫的心情所致。例如：交易时不知是否应提出条件，或打算借款又由于有某种顾虑而犹豫不决。

有时，这类情况也会出现在向女子提出爱情的告白却惨遭拒绝、自尊心受到伤害、又无从发泄时。此外心中困惑、有点罪恶感、尴尬不安时，鼻子也会泛白。

上述的鼻子动作或表情极为少见，而平常人更不会去注意这些变化，但如想读出对方心理，就必须详加注意他鼻子的动作、颜色和目光的动向等，因为它可以帮助您做出正确的判断。

不说话，也能察其心

人的嘴部确实能够鲜明地表现出人的态度来。一般来说，一个人口唇部分的变化，主要有以下几种情况：

把嘴抿成"一"字形。是个坚强的人，他一定能完成任务；张开嘴而合不上，是个意志不坚定的人；注意听说话时，嘴唇两端会呈现稍稍拉向后方的状态；人的嘴唇往前空撅的时候，可是一种防卫心理的表示；下巴抬高，十分骄傲，优越感、自尊心强，望向你时，常带否定性的眼光或敌意；下巴缩起，此人仔细，疑心病很重，容易封闭自己，不易相信他人。

口齿伶俐，吐词清晰固然是辩才；口齿不清，说话迟钝，但意志坚定，见识不凡为天下大才；嘴角上翘，这种人豁达、随和，比较好说话，易于说服；嘴角下撇，这种人性格固执、刻板，不爱说话，很难说服；唇角后缩，对方正在倾听你的说话，而且感兴趣；说话或听话时咬嘴唇，对方在自我谴责、自我解嘲，甚至自我反省；说话时以手掩口，说明对方存有戒心，或者在自我掩饰。

时常舔嘴唇的人，内心压抑着因兴奋或紧张所造成的波动。说谎时，常口干舌燥地喝水或舔嘴唇；打呵欠是想暂时逃避当场意识的欲求表现；清嗓门的动作且声音变调之人，是对自己的话没有把握，具有杞人忧天的倾向，男性常见咬住烟头，用唾液加以润湿的动作，为不成熟的幼儿心理；当人的嘴唇往前突撅，可能是一种防卫心理的表示。

俗话说："缄口以自重。"祸从口出，从人的口可以看出人的胸怀和性情，南北朝时，贺若敦为晋的大将，自以为功高才大，不甘心居于同僚之下，看到别人做了大将军，唯独自己没有被晋升，心中十分不服气，口中多有抱怨之词，决心好好干它一场。

不久，他奉调参加讨伐平湘洲战役，打了个胜仗之后，由于种种原因，反而被撤掉了原来的职务。为此他大为不满，对传令官大发怨言。晋公宇文护听了以后，十分震怒，把他从中州刺史任上调回来，迫使他自杀。临死之前他对儿子贺若弼说："我有志平定江南，为国效力，而今未能实现，你一定要继续我的遗志。我是因为这舌头把命都丢了，这个教训你不能不记住呀！"说完了，便拿起锥子，狠狠地刺破了儿子的舌头，想让他记住这个教训。

笑并不一定是因为开心

笑，你可能常做这个表情，但你了解它吗？你晓得它有那些含义吗？或许你会以为，笑有什么含义，或许你会以为笑不就表示欢愉吗？那你错了，笑不必然表示欢愉，比方，有一些人悲伤时会笑，他们以为那是一种很好的粉饰，也有人喜好用笑来假装本身，从不把本身的喜怒哀乐表示出来，让人家没法猜透他，体味他，所以笑并不一定表示欢愉，它另有其他的含义。下面，我们来对常见的几种笑进行一下分析：

微笑，就是不露出牙齿的笑容，一般当事人没有实际参与什么活动时，常常会面带这种笑容，这是一种会心的笑法，有默契的暗示和事不关己的态度。

轻笑则露出上牙，嘴唇微微裂开，这被称作是"招呼新朋友"的笑容，亲友之间打照面，差不多都把它当作是一种打招呼的礼节。

大笑常见于当事人十分开心的时刻，这时上下门牙都暴露出来，而且发出朗朗笑声，人们发出这种笑声时，大多数心情激动愉快。如哈哈大笑，有时可能是表示一种"高兴"，有时也可能是一种"不祥之兆"；捂着嘴笑，可以是"不好意思"，也可以是"惧怕某人的威严"而不敢放声大笑；直愣愣地笑是"傻乎乎"人的一种特征，含着泪笑，既可能是"激动"时的一种表情，又可能是"有苦难言"的一种流露。

从腹腔发出笑声的人，是身体状况极佳才有的笑声，平常若这样发笑必是体力充沛者。不过，这种笑声带有威压感，会震慑他人，因而使人心生警戒。女性若是这种发笑，一般是属于领导型人。

干笑是人没有完全发笑的笑声。这种人以笑声掩饰内心的牢骚，心浮气躁或身体疲倦时也会有这样的发笑法。

发出银铃般笑声的人是好奇心强凡事都想一试的性格，非常渴望博得周遭异性的好感，而这种心态随时表现在脸上；情绪有高有低，愉快与郁闷时的落差极大。这也是因为笑声是由内心控制的缘故。

除此之外，还有一些我们常见的笑容。比如一个涉世不深的女孩子，笑的时候常面带羞容，抿着嘴，很不好意思。而另一个老谋深算的人，皮笑肉不笑的时候，嘴唇完全向后拉，使唇部形成长椭圆形，这种笑并非来自内心。

微笑其实有多种含义

在笑的范畴之内，人们最为推崇的就是"微笑"。

波拿多·奥巴斯朵丽在《如何消除内心的恐惧》中说："你向对方微笑，对方也报以微笑，他用微笑告诉你：你让他体验到了幸福感。"

由于你向别人微笑，使对方感到自己是一个受大家欢迎的人，因此，他也会向你报以微笑。换句话说，你的微笑使他感到了自己的价值地位。

由此有人把微笑这一"体语"比喻为交际中的"通用货币"，每个人都能付出，同时每个人也能够接受。

那么，怎样才能更好地辨别微笑这一"交际货币"的真伪呢？

专门从事微笑研究的科学家一语道破了其中的奥秘：虚伪的微笑存在两大无可掩饰的"秘密"。

首先，真实的微笑应包括两组肌肉的运动，一组是将嘴角往上牵动的颧骨肌；另一组是环绕眼睛的括约肌。因大部分人不能自觉地牵动这些眼部的肌肉，由此可以判断出，假笑者只能牵动嘴角，眼睛却是无动于衷的。

其次，"秘密"是假笑的人笑脸出现不对称的现象。一般而言，假如他是一个左撇子，则他的右半脸非常强烈，而假如说不是左撇子，那么他的左半脸会做戏。

实际上，在婴儿时期，真笑和假笑就表现得清清楚楚了，一个5个月的婴儿就能用两组肌肉群对他的母亲发出会心的微笑，但对一个完全陌生的人却只运用颧骨肌微笑了。

复杂而多样化的微笑，就蕴藏着许多性格特征，其中意味深长的众多的信息，值得我们去加以探索。

感到悲哀的清冷笑容可以从外向型人的脸上看到。比如，外向型中最认真的"执着性格"之人，当努力变成泡影，遭遇挫折的时候，他们就会垂下双肩幽幽地笑起来，这时的他们已经进入"忧郁状态"。在这种场合中，他们将与内向型的人一样，陷入自闭的境地，即使连笑容也显得非常的卑微。

总的来说，一个人喜怒哀乐的感情动向，会很自然地展现于脸上。

大体上来讲，性格外向的人以爽快而明朗的心态居多，因此，时常面带笑容，即使别人感到悲伤时，他也会满面笑容地安慰对方。

虽说内向型的人很少有笑容，但是，他们还是有自然发笑的时候；但那是很脆弱而缺乏自信的笑，是类似于自嘲，又有点像自虐的笑容；同时也是一种缺乏生气，仿佛看透了某种东西似的，对人生感到很疲惫的笑。

性格外向的人很容易跟他人打成一片，所以，他们能够配合绝佳的时机附和着对方的喜怒哀乐。正因为他们不隐藏真实的感情，率直地表现出自己的内心活动，表情自然就会很丰富。只要看他的脸孔，就不难知道他的心态，因此，很容易为他人所理解，同时，他也是一种很好相处的人。

除了微笑之外，还有以下几种笑的方式：

普通的笑。这一类笑很平常，不特殊，不会太大声，显示这个人喜欢。这表示说："你很努力但不争功，你有一定的耐性，心地好而又可靠，是一位非常值得交的朋友。"

轻蔑地笑。笑的时候鼻子向天，神情轻蔑，常常是人在笑自己也不笑，或只略笑几声。这表示说：你看不起任何一个人，其实这是自卑感在作怪，要把他人压低而抬高自己，你不会有很多朋友。

偷笑。这是很低的笑声，时间也不长，有时别人未必能够听得到。这表示说：你经常看到一件事情有趣的一面，而他人未必能够看得到，他人喜欢你，因为你很容易相处。

鼻笑。就是从鼻子里哼出来的笑，因为要忍住笑，便忍进了鼻子。这表示说："你倾向忍笑显示你为人害羞，不想让别人注意到，同时你也是很谦虚、体贴的，喜欢按本分去办事，你很重视别人对自己的感觉，而别人也会喜欢上你的细心。"

紧张的笑。笑时慌张，忽然停止，看看别人继续笑自己也就跟着笑。这也是缺乏自信心，自卑的表现，笑也怕笑得不是地方，怕人笑自己笑。应改变一下自己，用不着太担心别人对自己的看法，人是有权利笑的，即使别人不觉得好笑，你也有权觉得好笑！

此外，有一种人一笑就掩口，这也是因自卑感。

总之，无论是哪一种笑，它的背后都有极高的含金量，由笑的不同方式而识别一个人的内心动态，是最省事、最直接的方法。

笑的方式有好多种，性格外向人的爽朗笑容是属于单纯而明快的类型，至于内向型的笑容则相当复杂，而且以不明确者居多。

尤为明显的要求假笑，他的脸看似在笑，但是他的眼睛却没有笑，心中也丝毫没有笑的迹象，好似戴着假面具的笑。这类的笑还有对自我、对他人嘲笑式的笑容，令人莫名其妙的笑，空笑，以及充满谵妄意味的笑。总而言之，这是一种缺乏内容的笑容，有时笑声高而尖锐，有时则是吃吃地笑，音量低得叫人几乎听不到声音，一言以蔽之，那是孤独而冷漠的笑容。

每当大家很快乐地笑成一片的时候，内向型的人几乎都会发出这样的空笑，那并不是附和周围人的笑声，而是对人际关系感到不安时，为了掩饰自己心中的紧张，不得已才勉强挤出来的笑容。

与外向型的比起来，内向型人的笑容比较少。即使他们有任何的喜事，他们也认为不必要让没关系的人知道，甚至可以说，他们具有一种隐藏自我的防卫意识。

简单准确的直观识人三法

识人难，有识人者与被人识者两方面的原因。作为识人者，往往受情绪判断、感情固执己见等诸多因素的影响。而被人识者又往往有复杂而多变的心态组合，会给辨别贤才带来困难。具体来说，有两个方法：

一是要不露声色地旁观。识人才者站在旁观者的立场上，可以平心静气，比较客观，比较准确，能超脱地对人才进行多角度、全方位的观察；其二是说被观察者只有在缺少戒备心理，很少以取悦的心态进行"乔装打扮"时，呈现出来的才是比较纯朴的"真容"。一个投机者，对上和对下，其所作所为肯定是大相径庭判若两人。任何一个人，包括那些最伪诈者，他们只能骗人一时，不可能骗人一世，只能欺骗一部分人，不可能欺骗所有人。以旁观者的身份对一个人进行客观公正的观察时，才能收集到有关这个人的真实信息。其中要注意：

（1）嫉妒心强的人不可用。嫉妒心人人都有，但若过于强烈，就是严重的性格缺陷了。这种人，一不能用公平的眼光看待别人，二不能实事求是地对待自己。

（2）只知追求眼前之功，不管计策可行不可行的人不可用。只追求眼前的蝇头小利，不顾长远的大利益，这是严重的短期行为。

（3）把任何事情都看得过于简单的人不可用。这种人大多志大才疏。办事情的态度极不认真、严肃，往往把简单的事情弄得一团糟。

（4）轻诺说大话的人不可用。这种人接受任务时大包大揽，真正做起来却一拖再拖，且能寻找种种借口，任何时候都有理由。

二是要面对面地直观。旁观法识人主要是旁观，而面对面地直察却要做正面接触，"识人之道"有七条：对人才提出问题，让其分辨是非曲直，以考察他的立场、观点和志向；提出尖锐问题使其理穷辞少，以考察他分析问题的逻辑性、应变能力和敏感力；就某些重大问题，让其出谋划策，看他有无远见卓识和雄才大略；交与其最艰巨的任务。讲明困难与危害，看他的胆识和勇气；与其开怀畅饮，看他的自我控制力及其品性；让其干有利可图的事，看他是否保持清廉本色；委托其办事，看他能否如期完成，信守诺言。与此同时还要注意以下问题：

（1）要注意保密性。要让被考察者在无拘无束、自由自在中淋漓尽致地表现自己，真正做到"我就是我"。

（2）考察的目的要明确。识察人才要有明确的目的，不能随心所欲，想到什么就观察什么。只有针对性强，才能选出所需的人才。

还是要观他周围的朋友。相人观友法之所以能够取得一定的效果，原因不外乎有三。首先是因为"物以类聚，人以群分"。由于性格上的一致，人们往往自然趋于贴近；由于利益上的一致，而自然共同努力；由于所处环境的相同，而自然相互同情和帮助；由于事业追求的一致，而自然共同奋斗。正所谓："同恶相助，同好相留，同情相成，同欲相趋，同利相死。"

其次是因为人对交友是有一定的选择的，在一般的情况下，人们总是选择那些年龄相近，性格比较一致的朋友；爱好相近，追求比较一致的朋友；文化教养相近，谈吐比较一致的朋友；处境相近，爱憎比较一致的朋友。因此而造成群友的才德较为相近的情况。

三是因为朋友之间有着重要的"同化效应"。由于各种特殊原因而造成某些年龄、性格、文化、爱好不尽相同的朋友相结，但是，这些朋友群体频繁接触，甚至朝夕相处，自然形成一种"人际小环境"，其中品质、爱好相近的大多数人必然对"不大一致"的少数人产生重要的影响，以致逐步地同化着少数人，此即所谓"近朱者赤，近墨者黑"。

正是由于上述三个原因，而造成大多数朋友之间的相近性和一致性。正如荀子所说："不知其子，视其友；不知其君，视其左右。"也应了管子所教："观其交游，则其贤、不肖可察也。"这正为我们知人提供了一个重要的方法，即"相人观友法"。

第三章 眼通心路
——眼部表情最容易泄露内心

美国著名讽刺小说家欧·亨利有一句名言:"人的眼睛都是探照灯!"这就是说,眼神都是心理的一种暗示,都是可以捕捉的密码。你要学会打量对方的眼神,发现其心理之变化,这样你就会更睿智。

人的眼睛是会说话的

俗话说"眼睛是心灵的窗户",人的眼睛是最有表情的部位,眼睛能把人心里所想的,完全表露出来。诚如人们所说的"会说话的眼睛",人在各种时候,不同的思绪动向会反映在眼睛里。通常人心中所想到的事物,眼睛会比嘴巴还快地表现出来,而且几乎不可能掩饰得住,因此,即使难以用言语表达,眼睛也会原原本本地表现出来。有的时候,虽然嘴上一再反对,眼睛却流露着赞成的意味;而有时,口头说着好听的话,眼睛却会"揭露"嘴巴所讲的谎话。所以说,眼睛是"口是心非"的最佳泄密者。

观察力强的人必然有过这种经验。不妨试着注意您身边的电视机。

某位男歌星,他演出时经常全场爆满,深具实力,也广受欢迎。他对观众的态度也相当高尚优雅,始终笑容可掬,当他的面部表情占满整个荧光屏时,他的眼睛,会反映出一颗什么样的"心"呢?

尽管整张脸满溢着笑容,但那双眼睛,却是一点也不笑的,甚至可注意到他的目光很严肃、一本正经。他的眼睛并未跟脸一起笑,如果眼睛也漾着笑意,他的心必然也在笑;如果心在笑,那一定是他目前已不为舞台上的成功与否担心。人如果心在笑,就是紧张的情绪获得缓解,不再感到压抑了。

第三章 眼通心路——眼部表情最容易泄露内心

与他人面对面交谈时，有的人会把视线从对方脸上移到一旁，东张西望地说话。也许他不看对方的脸，是因为心怀愧意，因此总令人觉得这种人不可信赖。

可是，千万不能就此断然下判断。因为诸如小心谨慎的人、没有自信心的人、怯懦的人，以及并非心存愧疚却因畏缩而不敢正视对方的人，为数不少，从他们平日的性格表现中，便能马上了解这些人。

容易害羞或难以对付的人，有时也会把视线移开，不看对方的脸。

试着观察人的眼睛，你可以发现其中能流露出的各种变化。此处所指的，并非那些任何人一看都能够明白的变化，而是稍不注意便难以捉摸的微妙之处。以下提供几种平时不易察知的眼神变化：

（1）注视远方的眼神

在谈话中，对方如果时时流露这种眼神，多半是对方并不注意您所说的话，心中正在盘算其他的事。如果对方是进行重要交易的对手，那么他必然在心中做着各种衡量、计算，思索着如何在这场交易中谋取最有利的策略。如果是没有利害关系的交谈对象，而对方并不专注于您的谈话，那一定是有其他的事盘踞心头。

而在类似的眼神中，也有无法将目光集中于固定一点的时候，如果对方是重要交易的对象，就需要特别加以注意。

所以，发现对方露出这种眼神时，便不应有所顾忌，而将心中的疑问直接提出来。

（1）异常深沉的眼神

陷入思考的人，有时会出现这类眼神，而初次见面的人，谈话中也可能出现这样的眼神，这种眼神可显示出那个人有所疑惑、误解、敌意、警戒、不信任……

比这种眼神更为厉害的，是所谓光芒闪烁的眼神。人们的敌意或疑惑表现在眼睛里时，容易出现这种眼神，所以眼睛会闪烁出晶光来。它意味着可能即将出现的敌意或疑惑。

这种眼神如果出现在比较亲近的人脸上，可能是由于您无意中对他所造成的伤害有所误解，也可能是对您没有信心。另外，这种眼神还表示对方并非完全误解而是有所警戒，他的心里正犹豫不决着。

初次见面的人有这种眼神时，不是谈话中对您持不信任、警戒的态度，就是对方已有了先入为主的观念，或许他早已听过对于您不大有利的传闻。

练就一双识人慧眼

提及刘备，许多人脑海中立即会浮现出一幅大耳朵的形象，仿佛刘备能耳听八方一样，其实刘备的眼睛才是最厉害的，他在《三国演义》中一开始就结识了关羽、张飞这两位盖世将才，为打江山定下了基调。

刘备慧眼识英雄还体现在三顾茅庐请出了诸葛亮，许多有才能的人也都来投奔于他。他任人唯才，不以貌取人，重用了相貌丑陋的庞统。长坂坡一役他因感慨差点失去赵云这员大将而将自己唯一的儿子掷于地上，这更使许多大将即使肝脑涂地，也愿意效忠于他。

"七分努力，三分机运。"我们一直相信"爱拼才会赢"，但往往有些人即使拼了命也不见得赢，关键就在于缺少贵人相助。在中国的传统文化中,"人和"的内涵就是"贵人相助"。有了贵人的相助,成功就会变得容易得多。因此慧眼识别自己的贵人,并博得他们的信任和赏识,就是成功的重要步骤。

眼力深的人,都善于做到以下三点:

其一,观眼识心术。

一个人的眼睛不能掩盖心里的邪恶念头:心胸纯正,眼神就清澈、明亮;心胸不正,眼睛就昏暗,有邪光。意即从一个人的眼睛,可以清清楚楚地分辨一个人的品质高下,心术正邪。

观察一个人的善恶,再没有比观察他的眼睛更好了。因此眼睛不能掩盖一个人的丑恶。心正,眼睛能明亮;不正则昏暗。听一个人说话时,注意观察他的眼睛。这个人的善恶能往哪里隐藏呢?

(1)顾客眼睛闪闪发光,表明对方精神焕发,是个有精力的人,对会谈很感兴趣。

(2)顾客目光呆滞黯然,说明这是个没有斗志而索然无味的人。

(3)顾客目光飘忽不定,表示这是个三心二意或拿不定主意抑或紧张不安的人。

(4)顾客目光忽明忽暗,说明他是个工于心计的人,已听得不耐烦了。

(5)顾客目光炯然,表明这是个有胆识的正直的人。

(6)主动与人进行交换视线的人,说明他的心胸坦率。

(7)不敢正视或回避别人的视线,表明此人是个内心紧张不安或言不由衷,有所隐藏的人。

其二,观眼识城府。

(1)在人们发怒或激动的时候,眨眼的频率就会加快。有时频繁而又急速的反应总是和内疚或恐惧的情感有关。眨眼也常被作为一种掩饰的手段。

（2）两眼安详沉稳，是内心沉稳有主见。两目敏锐犀利，生机勃勃是有朝气，目光清明沉静，但杀机内藏，锋芒外露，是有胆识之人，如射者瞄准目标，一发即中的。

（3）目光有如流动的水，虽然澄清但游移不定则见于奸人。

（4）眼神如水的清流明澄，表示此人清纯、清朗、澄明、无杂质，端庄、豁达、开明。

（5）眼神，如水的浊重昏暗，表示此人昏沉、糊涂、驳杂不纯的状态，粗鲁、愚笨、庸俗、猥琐、鄙陋。

（6）两眼似睡非睡，似醒非醒，这是一种细谋深算的神情，目光总是像惊鹿一样惶惶不安，是深谋图巧又怕别人窥见他的内心的神情。

（7）如果谈话时，对方完全不看你，便可视为他对你不感兴趣或无亲近感。

其三，观眼识情意。

（1）当妇女不愿意把自己所想传达给对方时，多半会发生凝视对方的行为。

（2）对方若久久凝视你而不移开视线的话，很可能有什么心事要向你诉说。

（3）和异性视线相遇时故意移开常表示关心对方。

（4）对方眼睛左右、上下转动而不专注时，多半是为了不使你担心。

读懂一双眼，了解一群人

观察初次见面者或对手的眼神，从而看出对方是否具有冲劲，从科学的角度而言已非莫须有之谈。根据眼睛张开的程度与视线方向，可将眼睛表情分类为以下十七种：

（1）眼睛的张合正常，不特别用力而视线朝向正前方——这是最自然的状态。但是，根据嘴的表情，又可做出不同的判断。紧闭双唇最冷静而注意力集中。微微张口则显得有气无力。

（2）眼睛依平常方式张开，视线略为上扬——虽处于恍惚状，却具有极高的欲望。说明其目的模糊，因进退维谷而烦恼。尤其是双手下垂，更令人觉得其处于恍惚状态。

（3）睁大眼睛闪闪发亮，比如眼球略微凸出，视线朝向正面是注意力集中的状态，说明对对方非常关心而欲望也强。另一方面也具有警戒心，若是女性通常带有轻蔑的态度。

（4）眼睛凸出眼皮紧绷，眨眼次数减少，视线朝向正面是高度的紧张状态。说明内心具有意外感、恐惧感。握紧拳头或将手搭在嘴边，是心绪极为混乱的状态，也带有强烈的失望感。

（5）眯起眼睛似乎要合上眼皮，视线朝向下方是注意力散漫或恍惚状态。女性与男性接吻时通常会有这种表情。

（6）眼珠转动迟缓的人，身体五官感觉迟钝，属感情起伏少的性格，不受他人影响，对自己的生活方式没有协调。

（7）目光闪烁不定的人，缺少对事情深思的能力，浮躁的冲动派，不被信任，有撒谎的倾向。

（8）目光着点不定的人，精神处于不安定的状态，在内心深处有怨怒之气，心情不稳定且焦躁不安。

（9）忙着眨眼感受性强人一倍，神经质的个性。经常焦虑，精神过度疲劳，身体状况不佳。这种人头脑清晰有能力，但黏着力及忍耐力不足。

（10）眼睛往上吊的人，心里藏着不可告人的秘密，性格消极，不敢正视对方。

（11）眼睛往下垂的人，有轻蔑对方之意，要不然就是不关心对方的情形。个性冷森，本质上只为自己设想，是任性的人。

（12）眼珠转动快速的人，第六感官敏锐，直觉快速能看穿人心；反之，容易受人影响。这种人特立独行，属情绪人的性格。

（13）眼球向左上方运动，回忆以前见过的事物；眼珠向右上方运动，想象以前见过的事物；眼球向左下方运动，心灵自言自语；眼球向右下方运动，感觉自己的身体；眼球左或右平视，弄懂听到语言的意义；正视，代表不耐烦；目光游离，代表焦急或不感兴趣；瞳孔放大，兴奋、积极；瞳孔收缩，生气、消极。

（14）上视眼。这种人的眼睛专往上看，只看上级脸色行事：上边点头他点头，上边摇头他摇头，唯上是瞻。他还有理论，叫作："凡事抓关键，关键是上头。"认为只要抓住了上头，上头满意了，就是一通百通；抓不住上头，只抓下头，等于瞎子点灯。于是，吹喇叭，抬轿子，投其所好。领导者不悦的人，他极力贬斥；领导者赞赏的人，他倍加推崇；领导者不愿办的事,他坚决反对;领导者想办的事,他积极"倡议"。这些人"群众面前是老子,领导面前是孙子"。

(15)偏视眼。有的人的眼睛表面上各居一方,实际上只往一边看,这种偏视的人还真不少。他们看人,往往只看优点或只看缺点;看工作,往往只看成绩或只看问题;看事,往往只看是好是坏。他们缺少一点辩证法,不了解优点与缺点相伴、成绩与问题并存,好中有坏,坏中有好的道理,把问题看偏、看死、看错。

(16)近视眼。只看眼前,不看长远;只看自己,不看别人;只看个人利益,不看集体和国家利益。由于看得近,待人处事也便唯今、唯我、唯利,只顾眼前痛快,自己痛快,哪管将来倒霉,别人吃苦。于是,能抓就抓,能捞就捞,能痛快就痛快,以近害远,以小害大,损人利己,到头来,方感到吃亏倒霉的还得是自己。

(17)色盲眼。红白不分,好坏不辨。他们常把正确当错误,错误当正确,这种人,免不了受骗上当。要治愈此种眼病,提高变色能力,是关键所在。

想隐藏丑闻的眼神

长久瞪着对方而不转移视线的,内心一定有一些事情对不起对方,不欲对方当面揭穿此事,或者是以往曾有过一些重要的秘密,希望对方不要向第三者透露。不愿意把丑闻张扬,在"这可糟了"的潜在意识之下,便会有此种神态。这是内心有所欺瞒的表现,于是不愿闪避对方的眼神,以免被识破心虚。

此外,情侣或夫妻之间吵架,一方被另一方追问实情,被逼得走投无路,而欲采取"啊!事到如今,听天由命吧!"的态度时就会出现此种情形,越到自己的谎言或罪过即将被揭穿时,越会显示这种故作镇定的姿态。

逼视对方的眼神,毫不逃避视线。造成防卫圈抵挡由对方而来的:"你不自辩吗?""你这是什么态度"的攻击,这是因为惧怕由于自己投降的辩解带给自己不利,同时又无法说出:"这只是小小的误会嘛",所以常采取这种自卫的姿态。这时候心理的状态乃是,反正你也不会体谅我的心情,如果扯破脸就糟了。

当双亲在教训儿女时,会责骂:

"你还不说实话吗?"

在这种眼看就要被痛揍一顿地情况下,虽然内心大呼冤枉:"真的没有",但却又不能承认自己的过失时,也常显示出这种态度。

碰到这种对手的时候,你应当一反常态,温恭亲切地安抚:

"不要生这么大的气嘛!"

这样即可以收到意想不到的效果。

不理对方眼神的人

不理对方眼神的人,其心理状态是复杂的,他们可能是害羞,不敢正视对方,也可能轻视、看不起对方,或者是迷惑,不知如何是好,再就是可能做了一些对不起对方的事,甚至是有拒绝与反抗对方的心理。

在知心好友们聚会的场合,或大家正在谈论有关工作方面的事情时,常可见到不理会对方视线的眼神。即使我们主动地与他们交谈,对方的态度也是爱理不理的样子。像这样,无视对方存在的眼神,所表现的特征是拒绝、轻蔑、迷惑、反抗等心理。

公司内的竞争对手,也就是俗话所说的死对头身上,经常可发现此种光景。身为这种人的部下,在其指挥下工作的人,是相当难以忍受的!竞争对手即使与你稍加交谈,也会把你贬得一文不值。也因此,你本身会被他人忽视。

相反地,这种眼色,可视之为对你有兴趣的表现。这种情况,特别是在两性初次会面时,表现得更为强烈。身为男人,大概经常会遇到对方的女性的眼神对自己似乎是不屑一顾的亲身经历吧!当时,你的内心里反映出来的情绪,一定是这样的:

"神气个什么嘛?"

你的这种判断可就大错特错了,这才正是女人对你感到非常有兴趣时的证据呢！相反的，如果你碰到女人热情的眼光时，你大概也会一反常态，以一种无视于她存在的眼色一扫而过吧！这是人的通病，也就是害羞的证据，假若遇到此种对手，而愿意抱着一试的心情，鼓足勇气和对方交谈的话，原本你误认为轻视、无视的眼神，在一谈之下，立刻会变成最有兴趣的眼神了。因为意识过剩，人类的心理状态，会转变成无视对方存在的漠视眼神。

当你和露出此种眼神的人相遇的时候，应该想办法制造机会，给予对方踏进一步的机缘，因为，对方也等着你给他机会呢！

此外，如果你的女伴和你正在谈话当中，却突然显露出这种无视你存在的眼光时，那是拒绝你，并轻视你的良证。这种场合，必定有某种原因存在，要是任由她去的话，必演变成凄惨的后果，绝对需要找出问题症结的所在。

要是你问对方：

"不要老是默默无语，有什么话尽管说出来嘛！"

而对方仍然毫无反应的时候，你就该觉悟，对方已拒绝你，再也不会理睬你了。这种性格的人，大都属于自尊心强烈，自傲尊大，具有小心性质的人。

内心不痛快而闹别扭时，常会演变成杀人放火也在所不惜的地步，最好还是谨慎地警戒才是。

四处张望的眼神

不少男性也会有这个经验,一位亲密异性如与情人、要好女友或太太上街时,偷看街上美丽的女性。如果是想和其亲密异性分手时,那他更会常常在有意无意之间停下脚步,故意与过路的女人交谈。这虽可说是残酷的男人,但其行为却代表各种不同的意义。

心理学上认为:男性眼神四处飘荡的时候,是从男人不失客观性的本性之中产生出来的。相反的,如果是女性,她则宁愿为自己的爱人牺牲一切也在所不惜,同时女人也常立于主观的立场上观察分析事物。这是女人的天性。因此,女人从不注视其他的男人,仅仅凝视站在自己身边的人,其一举手一投足,都十足表现出对自己热爱的男人的关怀。

然而,假如和你在一起的女人,想要窥视其他的男子,或心情有显著变化的时候,当她明显地把视线转移到其他男人身上时,你或许会咆哮:

"你是什么东西?东张西望的,像街上那些……"

这种事,就算再迟钝,再不解风情的男人也能一目了然。但问题在于,如何去捕捉她四处张望的眼神呢?

要是你正和她坐在咖啡厅里,而她却专心地在倾听其他男人的谈话,或注视着其他男人的双手,或悄悄地关心着其他男人身上的饰物(例如手表、领带、别针、戒指等)时,你要注意,她已开始采取客观性的态度在观察别人了。

当你自己独自在咖啡室内或酒吧内，女服务员不断投送过来的游移眼光，也代表着同样的意义。如果你发觉女伴出现此种情况，而加以责备，就算她替自己辩护：

"我只是看他跟你很相像嘛！"

也许，是诡辩罢了。当你问女服务员："是不是有什么事呢？"对方回答："没有啊，我是看到你的西装非常的漂亮，所以……"其实内心里想的还不是那回事，当女人内心涌现此种情绪的时候，她是拿着自己的男伴和对方的男人相比较，等于是产生了与男人客观性看女人时同样的心情了。

只要一有机会的话，我一定会……正因为内心有这种想法，眼光才会游移不定，我们可视之为，这也是心情浮动的表现。

逃避眼光的人

在打招呼时，眼光不定，或逃避别人的眼光，这是不尊重及不礼貌的表示，然而，这些人不是不尊重对方，不是本身没有礼貌，而是自卑感作祟。

也许你会因此而勃然大怒：

"真是的，简直目中无人嘛！"

可别太早下断言了！这种类型的人，在个性上较怕陌生人，同时异常小心，气量也很狭窄，你可视之为在他人面前具有自卑感。和这种人交往，你必须运用技巧，敲开他们闭锁着的心扉。

例如："你看起来精神好愉快"，或对方如是女性，则无妨说："你的举止毕竟不同凡响"，用赞美来轻叩对方的心弦。如此一来，对方在行动或态度上，必会表现出受人重视的喜悦心理。

面对着这种人时，要是你既不加夸奖，又继续地不加理睬的话，那么，你一生也许与这种人无缘。

也有不少例外的情况，假设一个女人对你相当有好感，必会故意忽略你的存在，或是闪避你的目光。你若无其事地向她敬酒或邀请她喝咖啡，一般都会欣然应允——她会从手足无措的陌生状态中，转而成为开朗的人。

我们可以这样说，闪避眼光而垂头的人，正是他意识到了你的存在。

没有表情的眼睛

毫无表情的眼睛，一般人都以为这是心平气和，情绪稳定，毫无烦恼的表现。然而，这种判断恰恰是错了。

其实，毫无表情的眼神，正是在反映对方愤愤不平，对现状极为不满的感受。

我们假设，有一位在你结婚前保持相当亲密关系的女性，到了如今，也只不过变成单纯的友谊交往而已：

"我家就在附近，要不要进来喝杯茶呢？"当你如此地诱惑她，而她也想来的话，当时大都是显露出毫无表情的眼神。

"好久不见，最近可好？"

随着做作出来的笑容之后，立即转变成毫无表情的眼神。显现此种眼光的时候，大都是内心有不满或不安，且都处于无法满足现状的情况之下。这种类型的性质，属于善变者，自我中心，偏见而胆怯等个性。无法诚挚地表现自我的人，特别是女性之中，更常见到这种性格的人。

正当边喝茶边说笑的时候，心情突然转劣：

"我要回去了。"

马上起立头也不回地走了。像这样毫无表情的眼神，大都应用在企图掩饰不满或不平常的手段。

怯懦的人，常被厌恶的对手所引诱。每次一开始即拒绝，就可简单了事，但觉得拒绝他人实在有点过意不去，所以只好跟在身后相伴了。胆怯无主见的人比比皆是，也只有这种人会流畅地说些废话。被厌恶的对象所引诱，而且跟随其身后而去的胆小者，大都处于眼神无表情的状态下。不能了解的对象，会因此而更担心：

"他是不是有什么地方不对劲呢？"

处在这种状态之下的时候，即使应邀至酒楼饮酒作乐，也会因之而酒后失态，三言两语刺激了对方，而大打出手，常也因此而树立了终生的敌人。

假设你的对手正处于此种无表情的眼神中时，最好是不闻不问，少去招惹为妙。否则本想使对方开心，却不意弄巧成拙，致使对方一肚子的不高兴：

"再也不愿跟这种人在一起了！"

如此不欢而散的状况，可说大多出现于兄弟、同事等相当亲密的亲朋好友身上。面临这种人的挑拨时，最好保持容忍的态度，因为那正值一触即发的状态，最好避免插上一手，火上加油。

不信任的眼神

凹下的眼睛显然是不对劲的表示，尤其是经常突然凹陷的眼睛。此时你会察觉，什么是目露凶光，这种闪烁的眼神，代表着不信任、憎恶、保持警戒、误解、敌意、迷惑、憎恶等心理状态。

"你给我滚出去，我不愿意再看到你。"

男女间吵架，双方都目露凶光大骂特骂的时候，即是疑惑、敌意、憎恶的表征。

相互间比较亲近的友人在谈话中，偶尔也会发现这种险恶的眼神，初次见面的人，也常在瞬间发觉这种凶光一闪而逝。

要是这样的眼神更为强烈的话，那表示你即将有不测之风云。当人们处于疑惑，或愤怒、敌意的情绪，且表现于眼色。

经常受朋友或同事的误解，被人歪曲事实，而不得不前往解释，说明详细的经过时，你想向他解释的对方，往往会出现这种眼光。

（这家伙来干什么呢？竟然敢恬不知耻地出现在我的面前。）

对方就是抱着这种疑惑、敌意及不信任的眼光在瞪着你。可是，对方也并非完全误解你，保持100%的警戒，只要你诚恳地说明来意，详加解释，便会获得意外圆满的效果。正因为我们还未向对方说明情况，所以对方才会抱着戒心等待我们去化解。

如果彼此之间是初次见面，在交谈的过程中，你发现对方也露出这种眼光，那么，这就说明也许是你的谈话内容中，使对方对你抱有某种警戒心以及不信任感。但如果你自认并没有任何原因足以使对方产生不信任感及警戒心，那就可能是对方有先入为主的观念，或者听过某人谈及有关你的不是，或从介绍者的谈吐中得到对你先入为主的看法，才会导致双方初次见面就难于沟通的后果。

当你碰到许久未曾见面的女性，向前问候：

"哟！最近还好吗？"

正在想伸手拍拍她的肩膀的一瞬间，对方却竟然投来这种眼神，或意欲接近某个女人，正想走近去和对方交谈时，也可能碰到这样的凶光。这种时候就是那位女性对你保持着警戒状态的证据。有些人易被他人视之为浮华俏丽，也易被他人所误解。实际这种人是朴实正直的善良人物，身为此种易受人误会类型的人，最好在言语、服务、行为礼仪上多加小心，免得后患无穷。

第四章 手足连心
——肢体表情从来不会说谎

　　人的肢体微表情，其实隐藏着大量真实的信息，反映了人的心态、性格、感情和欲望，等等。我们可以通过一个人的行为举止来观察他真实的内心世界，从而见机行事，我们的难度在于必须提前做出判断和反应，否则，恐怕就会比较被动了。

破译肢体语言密码

　　一个心理学家曾做过一番研究,他指出,通过别人手部的活动,也能观察他的内心。

　　比如谈生意时,在你说明了来意和观点的时候,如果对方不置可否,不知道是拒绝呢还是应允呢,这个时候,就要注意他的手部的细小动作。

　　以下这些是表示肯定气质的手部动作：

　　手部放松,手掌张开；将手摊放在桌子上,清除桌子上的障碍物；抚摸下巴。

　　而如果他的内心是持否定态度的,那么,虽然表面上他似乎也会装出感兴趣的神色,但是,手部动作仍会泄露其秘密。这些否定动作有：

　　打开抽屉又关上,好像在找东西；在身体前面紧握双拳；两手放在大腿上,张开手时,拇指相向；两手交叉按在头部后面或手指按在额头正中央；两手撑住下巴,用手指连续敲桌子；手向着你,屈指数数；和你交谈时,不断地把玩桌上的东西,或将它重新放置。

　　除以上这些动作之外,还有一些动作能透露其真实的气质信息。如：当一个人用手摸后颈时,往往是出现了恼恨或懊悔等负性气质。

　　除了手部动作以外,足部动作也能透露气质信息。

　　当一个人两只脚踝相互交叠,那么,他可能是在克制自己。当一个人紧张、焦虑的时候，往往会这样。

当一个人架起双腿，说明他在对方面前有优势。相反，如果并拢双腿，说明他在对方面前处于劣势。

一个人多的场合，谁架着双腿，可能谁就是头。

一个公司里，长幼等级，有时就可以从他们在一起时的双腿动作上看出来。

走路的姿势和幅度也会折射一个人内心的气质。

当一个人两手插在口袋中、拖着脚步、很少抬头注意自己在往何处走的时候，他可能正是心情沮丧的时候。

而一个人抱着双臂、迈着八字步缓慢行走的时候，他就是处在一种悠闲的状态中。

另外，头部的动作也能泄露气质。

体态语在特定场合下是有专门含意的，某种姿态是能够表达某种特定的内心感受的。例如：

来回搓手，表示不安、拘束或窘困；

摊开双手，表示无可奈何，或真诚与公开；

双手拄腰，表示挑衅；

双手交叉胸前，表示防卫；

笔直僵硬地坐着，表示紧张；

坐在椅子边缘上，表示恭维；

坐在椅子交叉双腿，另一只脚不住地轻轻踢荡，表示漫不经心或厌倦；

利用反复擦眼镜的动作来斟酌言语，拖延时间；

咬嘴唇或抽烟来争取时间思考或暂时不愿讲话等；

在椅子上深坐的人，在心理上占了优势，甚至念念不忘要居高临下；伸手让对方看见掌心，即表示有强烈拒绝的意思。

说话的速度忽然比平时加快，那就表示对方有弱点存在，或者表示说话的内容不准确；

凡是平时沉默寡言的人，忽然变得能言善辩，那就表示他内心含有一种不想被人知道的秘密；

初次见面，就拍对方的肩膀打招呼，这样无异于想把当时的气氛导向有利于自己的一面。

突然改变服装的嗜好，表示他的心情发生了变化。所以，在大部分的情形下，这种人也都怀有新的决心和构思；

对于胜负摆出漠不关心的态度，这种人属于自我防卫型者，他害怕受到伤害；

在喝酒的场合里，不想喝醉酒，这是自我防卫的表示，也是避免跟人深交的表现。

有人故意要将自己的忙碌让周围的人明白，这种人对于自己的能力怀有自卑或矛盾心理；凡是欲求不满的人，都会有脸部微微震动、眨眼和皱眉等装饰性的症状；一面注视对方一面行礼的人，他对于对方怀有警戒之心，同时也怀有想占优势的欲望。

任何一种坐式都毫不掩饰地反映了人的心理状态。如交叠双足而坐，是一种防范性的心理表示。在社交场合，男性一般以张开腿部而坐，语义为"自信、豁达"；女性一般以膝盖并拢的姿势替代架腿，语义为"庄重、矜持"。

在人际沟通中要注意以下一些姿势忌讳：

站起来自我介绍，摇头晃脑，全身乱动；

斜靠椅背打哈欠、伸懒腰；

跷着二郎腿，并将跷起的脚尖冲着他人；

用手指敲叩桌面，如入无人之境；

踮起脚尖，颠动小腿肚；

当众用手挖耳孔、鼻孔、剪指甲、照镜子、梳头，搽口红；

将两手搂在头后，在沙发上大仰八叉；

讲话时，嘴中吃着零食，或边讲边抽烟；

双臂交叉，匕斜着眼睛看人；

与人交谈时，抬臂反复看手表。

小动作中暗含玄机

出汗的现象，当然是某种生理机能的作用，但是异常出汗的这类人的心理上当然也包藏着秘密。

上述的异常出汗、擦汗、频繁的托腮、抚摸下颚的动作等小动作，事实上都是心理极度紧张的表现。一位研究身体语言的专家认为，这就是所谓心理上的自赎行为。

这话怎样解释呢？因为，在某种特定的场合，人们尽管能强装出雄辩滔滔、言之有物、满不在乎的强硬态度，甚至会做出一副充满自信的样子，但实质上内心深处仍然是虚弱的，这种懦弱的心理在无意识之中，就会以某种动作表现出来。

　　因此，为了弥补心理上的懦弱感，在许多场合中，人就会经常以触摸自己的躯体的方式来掩饰自己的不安与紧张。我们将这种行为叫作"自我亲密性"。在心理上，人们认为这种自我触摸，含有"自我安慰"的成分。

　　人是怯懦的。因此，为了掩饰人类普遍具有的怯懦性，人类需要自我触摸来自欺欺人。所以说，自我触摸动作频繁的人，一定在内心深处隐藏着许多不稳定的秘密成分。

　　相反的，警觉性很强，能够自我控制，完全不显露出一丝一毫的自我触摸动作，说话时能保持直立不动，在这方面克制力极强的人也不少，很少有自我触摸的举动。对于自我亲密性的理论来说，这些是这种相反的情况的典型例子。

指尖上的舞蹈

　　在与人交往中，手势已经成为其中很重要的一部分，它起着加强语言的力量，丰富语言的色彩等补充和说明的作用，更有时候，他甚至能够成为一种独立而有效的语言进行使用，它还可以帮我们看准一个人。

　　当然，这些手势都是在生活当中约定俗成的，大家都懂得，但这些手势在不同的地区、不同的国家、不同的宗教信仰和文化背景下，人们的理解可能会有一些差异。

第四章 手足连心——肢体表情从来不会说谎

一般来说，有意图的手势传递的信息量往往更大，如挥手表示再见，双手比画一定的尺度大小，竖起大拇指表示对某人的称赞，竖起小拇指则表示轻蔑，食指弯曲与拇指接触，呈圆形，其余三指张开，表示某件事情已经完成，即"OK"。而拇指和食指伸直，呈垂直状态，其余三指并拢，成大致的枪形，则表示怀有某种仇恨，有发泄的欲望，等等。

喜欢把手指放到嘴边咬指甲或是吮吸手指的人，无论外表多么高大健壮，但他们在精神和心态上还是比较幼稚的，因为真正成熟的人绝对不会有这样的行为。

通常，一个人的手指若不停地动弹，多是他目前正处在一种非常紧张的状态中，而感到无所适从，凭借这种方式来转移自己的注意力，以缓解紧张的心理。用手指轻轻地敲打桌面，暗示这个人可能陷入某种困境当中或是在思考解决问题的办法，或是处在犹豫之中，不知道某个决定到底是该下还是不下，也有可能是这个人不耐烦，用这种方式来减轻一下烦躁的情绪。

一个人如果经常做出让人感觉到非常有力量的手势，说明这是一个有勇气、有魄力，凡事敢做敢当，能够承担一定责任的人。这一类型的人做事非常果断和坚决，一旦想做，就会付诸行动，而且有一定的韧性和毅力，不会轻易放弃。

一个人如果经常有较无聊的手势和动作，说明这个人的自制能力比较差，且比较重视表面化的一些东西，虚荣心和表现欲望比较强烈。

在与人交往中，突然用两手紧紧地抱住胳膊，身体稍微有些向后抑或是双手叉腰，身子前探，这都表示对对方的话持不赞成的态度。

在听人讲话时，把双手插进口袋里，这是一种很不礼貌的行为表现，会让对方产生一种不被信任的感觉。在说错某一句话时，赶紧用手捂住嘴，做遮掩之势，这样的人多性格比较内向，而且腼腆，说错话以后会非常后悔，并感觉不好意思而耿耿于怀。

举手之间有密语

人体中，手部的活动非常丰富，能够充分地表达人的众多思想、态度，因此人们经常用"心灵手巧"来形容人的聪明，可见人的手与心灵是紧密相连的。在人际交往中，人们用手来表达态度的方式主要有：

（1）用手搔头，表示尴尬、为难、不好意思。

（2）用手托住额头，表示害羞、困惑、为难。

（3）双手叉搓，说明对方陷入为难急躁状态之中。

（4）双手摊开，表示真诚、坦然或无可奈何。

（5）双手叉腰，说明对方的挑战、示威或感到自豪。

（6）双手插在口袋里，表明内心紧张，对将要发生的事没有把握。

（7）双手插在胸前，表明胸有成竹，对将要发生的事有思想准备。

（8）握手有力，表明此人热情、好动、兴奋或好自我表现。

（9）握手无力，表明此人个性懦弱、缺乏气魄，或者是傲慢、冷淡、矜持。

（10）说话时喜欢玩弄身边的小东西，表明其内心紧张不安。

（11）交谈中用手指做小幅度的动作，表明其对你的提议不感兴趣、不耐烦或持反对态度。

（12）心理处于焦虑不安时，一些人习惯将一只手放在桌上或沙发手上，不停地轻轻地弹手指；一些人则习惯用手指搓捻纸条或烟蒂；有些年轻女性则喜欢用手绞手绢。

（13）面临某一选择而处于犹豫不决或不知所措的心理状态时，一些人会不知不觉地用手搔脖子；一些人则会用手搔后脑勺。

（14）当人们对某件事情充满渴望和期待的心理时，常常会情不自禁地摩拳擦掌。

搓手散发的信号

人们搓搓手，除了由于寒冷要御寒，或准备干某事表示精神振作跃跃欲试外，还显示了什么样的内心思想情感呢？

经过周密的观察和反复的研究，科学家们发现，搓手掌往往是人们用来表示对某一事情结局的一种急切期待心理，也就是说，当人们对某事的未来结果有一定成功的把握，或是期待着成功的结果，或者在一种不知如何是好而且又急切盼望尽快知道其结果的情况下，手掌所流露出来的一种期望信号。比如，掷骰子的人在手中摩挲骰子是期待取胜，也是他对胜利充满信心的无声暗示；在运动会上，跳高或跳远运动员在起跑之前，习惯先搓搓手掌，以示期待成功；一个推销员神气活现地走进经理办公室，搓搓手掌，并喜笑颜开地对经理说："经理，咱们又搞到一笔好生意！"这也暗示出推销员对这笔生意的期待。然而，有时人们遇到难题，心急如火，不知所措时也时常搓搓手掌。在这种情况下，搓手掌表现了他的内心对事情结局的渴望和期待。

人们还发现，不仅搓手掌的动作具有一定的心理表现力，而且，人们搓手掌时的速度也有很多奥妙之处。更确切地说，一个人搓手掌速度的快慢将会暴露出两种不同的思想态度，同时对他人也会产生两种截然不同的影响。如你找一个朋友办事，如果在交谈此事中他快速搓动两下手，你有理由感到欣慰；而他如果在说话时慢慢搓动手掌，则前景不太乐观。

老于世故的某些推销员在给顾客介绍产品时，有时边讲边迅速地搓几下手掌，其目的是企图使顾客对他的产品打消疑虑。而当顾客快速地搓搓手掌并说："好，先让我看看货吧！"这就证明他八成有意订货了。对推销员来说，这是一个十分有利的信号。如果顾客慢慢地搓搓手掌，或者干脆将双手握起来，这就证明他八成无意订货，对推销员来说，当然这是一种令人失望的信号。

为何他爱拍脑袋？

在许多情况下，用手搓后脖颈是一种自行谴责的信号。如领导布置一项任务而部下忙忘了，他在汇报时就可能搓后脖颈。此时他也可能会立刻拍拍自己的前额或拍拍脑后。并诚恳地说一句表示歉意的话。因此，他拍拍自己脑袋的行为就好像是表示自责，用这种方式来谴责自己的忘性。

虽说拍脑袋是一种自我谴责信号，但是，拍的不同部位也可以表示当事者在所处的环境中的不同心情。比如，当你查问你的下级是否按时完成了某项工作时，如果他只是用手拍拍前额，这就表示他可能没有因为忘记而在你面前感到害怕或恐慌不安，只不过是感到有些不好意思。然而，如果他拍拍脑后，并用手搓搓颈背，这就表明他有些害怕了。

对于拍头和用手搓颈背的手势有人做过专门的研究，发现就性格而言，那些习惯于使用这些手势的人往往比较消极、苛刻和喜欢吹毛求疵；而那些拍前额的人往往比较心直口快，直爽好交。

另一种表示自悔自责的手势是用手抓自己的头发。抓头发可表现出不满、困惑、羞愧、悔恨、痛恨等层次的情绪。

环抱双臂的含义

大约在十年前，美国国内出现一种名叫"团体接触"的集体心理治疗术，而且迅即广泛地在各地流行开来。

团体接触疗法最重要的目标乃是将隐藏在内心极深处的症结，运用心理学上的技巧，使其完全倾吐出来。由于这也属于心理疗法，所以也由精神病医生主持。通常聚集起来的人数，大约在十人左右。

接受治疗的人们，大多是互不相识的陌生人，他们直到最后都不能很顺畅地彼此间进行交流，因此，主持治疗的医生必须运用各种方法去诱导，其中一个方法就是触摸。

触摸的方法是：将每个人的双眼蒙住，互相触摸，然后一起进入游泳池里，再互相去触摸。这样一来，相互间的交流迅速地扩大，进而能够逐渐地发展到彼此心灵深处的交流。这就是集体接触心理疗法。

人类在本质上，都属于与生俱来的感性动物，每个人都有对"亲密性"的热切要求。由于人类天生就有这种个性和需求，因此，在所谓的对"亲密性"的欲求之中，当然也包括了对"自我亲密性"的感情在内。我们可以简单地把自我亲密性叫作"自我触摸"。

双臂交叉的动作，也是属于自我亲密性心理的表现症状之一。

那么，双臂交叉具有什么含义呢？

在很多演讲场合中，我注意到有许多双手交叉在胸前的听众。这个动作可以解释成许多不同的含意。

首先，这个动作也许表明演讲一点也不精彩，也就是说，这部分听众的自我亲密性的潜意识作用，他们在自我本身的周围，用双臂交叉的动作，形成一座围墙，将演讲者所说的话，一概隔在这道围墙之外。

然而，也可能是另外一种原因，他们重视演讲者所说的话，想截收每一句话，不让一字一句遗漏，所以才将双手交叉于胸前。

对于身体语言的理论来说，叉手的真正含意是什么，至今仍是难解释的现象之一。但是，有一个演讲者做了一个很有意思的实验，却可以对这个动作做出清楚的解释。

这个演讲者想：那些叉手的听众可能是由于我的演说不够精彩，我是不受欢迎的。一次演讲时，这个演讲者面对着台下的听众，将双臂交叉在胸前，然后略微提高了说话的声音。结果，他收到了预期的效果——台下的听众中所有交叉双臂的动作都没有了。因为他的叉臂和高声演说，向那些原来交叉双手的听众，传达出一个很明确的信息表示：作为演讲者，我在讲台上看到你们交叉双臂，觉得这样很不礼貌，我很不高兴。大概是他传出的信息起到了作用，讲台下的听众觉察到了讲演者的不满，而纠正了自己的做法。

所以，我们不仅要了解对方在身体语言上隐藏的意义，更需要在某些场合中，运用这种知识，发起凌厉的攻击，击倒对方的心理。这是了解身体语言的一个重要作用。

握手可知人心

通过握手，可以了解他人的心理状态，这是众所周知的。如果一面同对方握手，一面用眼睛注视着对方的面孔的人，在心理上有着较强的优势，是一种不大容易妥协的人。

女性若一边握手，一边注视，是她有意引起对方注意，以获取对方对自己的好感。

握手时，软弱无力，表现出完全被动的姿态的人，缺乏坚强的个性，遇事可能优柔寡断。

绵软地和别人握手，则表现为——后发制人，遇事让三分。

过分殷勤地同对方握手，表现出这个人目的性很强，会奉承巴结人。如果用谦卑的神情一再同对方握手，表明这个人怀有某种目的，因为握手不过是一种礼节性接触，过分看重这种接触，就是弦外有音了。

用右手拉住对方的一只手，再把左手握在上面，用这种方式，可以表达信任和亲密的感情。

用力握手是一种显示力量的表现。见面时用力握住对方手的人，一般主动性较强，性格外向，爽快，办事讲究效率。但有时容易急躁。

同他握手时也会不知不觉地加了把力气。这种互动的力量，表明你对同对方的相识，感到很兴奋，希望能继续同他交往。所以，从对方握手的力量感上，也能表明交往的诚意和信任的程度。

握手时，手心出汗的人，大多数属神经类型，这部分人情绪容易激动，内心不易平衡，比较敏感。

如果在和对方握手时发现对方的手心有汗，表明对方的情绪高涨，也可以说是内心失去平稳的象征。

有些女性看起来冷若冰霜，但有位男性在握她的手时，发现她的手心在出汗，这表明握住她手的男性引起了她的某种兴奋。

握手是一个再简单不过的动作，但就在握手的那一刹那，他的姿势就会告诉你，他是一个怎么样的人。

（1）无精打采的人握手时的手指头软弱无力，手也握得不紧，常是悲观、犹豫不决而看问题不太确切的人。

（2）大力士的人出手猛烈，握时用劲，活像一把老虎钳，非等对方有畏缩或表示激动之意时，才肯罢手，这是一种喜欢以体力标榜自己的人。

（3）蹂躏的人无法决定自己要不要跟人家握手。当对方断定他不会握手，而把手缩进口袋里时，他又突然把手伸出来，等对方伸手过去。这是一种凡事皆表踌躇，缺乏判断力的人。

（4）保守的人握手时，手臂不但伸长，肘的弯度呈直角，手背贴近身子，充分显示出谨慎与保守的个性。

（5）强迫的人从来不放过与人握手的机会。不论何时何地，总不问亲疏地先伸出手来与对方握手。此一强迫性的握手动作，正反映出他内心的不安与自卑。

（6）敷衍的人视握手为应付公事。握手仅把手指头伸向别人，毫无诚意可言。这是一种做事草率的人。

（7）粗犷的人握手时的动作比较粗犷，而且对所握的手还不停地摇晃，这是一种意志坚定、秉性刚强的人。

（8）说教的人先向对方握手，表示好感。然后开始宣传攻势，不达目的，决不放手。这是一种机会主义者，善于利用别人来达到自己的目的。

（9）握手时，紧抓对方手掌，大力挤握，令对方痛楚难忍的人，精力充沛，自信心强，为人则偏于独断专行，但组织力及领导才能都很突出。

（10）握手时力度适可，动作稳重，双目注视对方的人个性坚毅坦率，有责任感而且可靠、思想缜密、擅于推理，经常能为人提供建设性的意见。每当困难出现时，总是能迅速地提出可行的应付方法，很得他人的信赖。

（11）握手时只轻柔地触握的人随和豁达，绝不偏执，颇有游戏人间的洒脱，谦和从众。

（12）握手时习惯双手握住对方的手的人热诚温厚，心地良善，对朋友最能推心置腹，喜怒形于色而爱憎分明。

（13）握手时握持对方久久不放的人情感丰富，性喜结交朋友，一旦建立友谊，则忠诚不渝。

（14）握手时只用手指抓握住对方而掌心不与对方接触的人个性平和而敏感，情绪易激动。不过，心地善良而富有同情心。

（15）握手时紧抓对方，不断上下摇动的人极度乐观，对人生充满希望。他们以积极热诚而成为受人爱戴倾慕的对象。

（16）有些人从不愿意与人握手，他们个性内向羞怯，保守但却真挚。

抓耳挠腮为哪般？

在交谈时，有人常常用右手的食指搔搔耳垂的下方，或用手搔搔脖梗，这又是一种什么信号呢？有人对此做过研究，结果表明，这是一种表示怀疑和犹豫的人体信号。当你向某人提出一个问题，而他又一时拿不出确切的答案或主意时，他往往不是搔搔耳背，就是搔搔脖梗。观察证券市场中炒股的股民，其在决定做多还是做空，吃进哪种股票时，大多数人都面对大盘闪闪烁烁的公司名称和股价犹犹豫豫左右观望，同时手里不是挠挠耳朵就是搔搔脖子。尤其在前段做亏了的小散户更是难下决心。在这种"最后的斗争"方向的抉择中，真可谓焦急万分抓耳挠腮。一位女股民在其临决断的前一分钟竟一下连一下搔着自己的脖梗。由此可见，当人们被迫做出一项重要决定之前，往往犹豫不决，或是我们常说的抓耳挠腮。而这种抓耳挠腮的动作正好向人们暗示了他犹豫不定的心理状态。

更进一步的研究表明，搔脖颈也是一种"怀疑"信号。当我们对某事产生疑虑时，往往会无意识地去搔搔脖颈儿。应该提出注意的是，讲话时，如果讲话者总是用手搔脖梗，这就说明他对要讲的内容没有十分肯定的把握。因此，对他此时的讲话内容我们需要慎重考虑，决不可轻信。

对于搔脖梗的行为有人做过专门的研究，并得出一个有趣儿的结论：一般人只搔5次，几乎不少于5次，也很少多于5次。如果你对此发生怀疑，可以亲自体验一下，看看这一结论是否能被证实。

那些傲慢的姿态

大拇指体语一般显示一种自负的心理信号，常被当事人用来表示自己"能耐大"。上级对下级、内行对外行、长辈对小辈常使用大拇指以烘托其当年（当时、当地）的本事。若仔细观察我们还会发现，这种手势同人的性格和社会地位有着一定的关系。性格属于外向者，那些穿着讲究，有钱有地位的人，常有使用这一手势的习惯。而那些性格属于内向或性格软弱，经济地位低下，腰杆子不硬的人一般很少使用这一手势。

此外，人们对大拇指还有另一种显示方法，比如，在公共场所和有人交往的地方，有些人站在那里，双手插入兜儿内，两个拇指从兜儿口伸出。起初，这是男性用来表示"高傲"态度的一种手势，而今，有少数女性也时而使用这一手势。有些人在做这种手势的同时还经常跷起他们的脚后跟儿，借以传递给人一种更"高傲"的姿势。通过对常使用这一手势的女性的观察表明,这些人往往追求时髦、态度高傲、性格强悍甚至霸道。

坐着时,有人习惯将双臂交叉在胸前,这是另一种拇指显示。从这一姿势所表达的思想内容来讲,传达的是一个双信号,既传示出一种防备和敌对情绪(交叉的双臂),又显示一种神气十足的气概(双拇指)。使用这一信号的人常给人一种"目中无人"、"唯我独尊"的印象。由于这一手势的消极性,导游翻译、外事工作者、饭店服务员、空中小姐、晚辈和上下级之间,应该避免使用这一信号。

腿部信息也很丰富

脚和腿也是人类传达信息的工具之一。

读者也许会对这种说法大感不以为然。

可是,根据身体语言的理论,腿和脚在身体语言上,能够将个人的信息表现得淋漓尽致。

比如,你去车站前或公园门口去观察一下正在等人的一些人的表情。等了一会儿,等待者的右脚就会咯嗒咯嗒地踏着地面,而且很焦急地四处张望(当然,也有人是用左脚来动作,但一般人都习惯用右手或右脚,所以我们在这里举右脚为例)。你可以发现,当他抖完了脚之后,就会开始漫无目的的四处溜达兜圈子。

这种情景,说明这个人脚部的动作,很清楚地显示出他焦躁和不安的

第四章 手足连心——肢体表情从来不会说谎

心理。

一般说来，人们的脚部对音乐的旋律非常敏感，你如果经常听音乐会，就会有这种感受。特别是当乐队演奏摇滚乐曲时，那些狂热的年轻的听众，大多会开始用脚打拍子，接着是两手相双肩，更有甚者，是整个身体随着音乐的旋律而摇晃着。

换句话说，外界的刺激，能够刺激起我们的情感，而由手和脚来表现。因此，我们可以看出，在车站或公园门口等人时的踏脚，是由于事先约好的人在约定的时间没有到来，等候者心里着急而使脚部下意识地动弹。

有一个推销员告诉我一个小故事。他是个汽车推销员，根据他的经验，每次上门推销商品时，只要看夫妻两人的举止，就可以看出一个家庭里，谁掌管大权。

这个推销员断言，只要看每个家庭里，夫妻二人交叉盘腿的动作，谁在家里说了算，就能一目了然。比如说，夫妻两人坐在推销员面前，静听推销员用他那三寸不烂之舌一再介绍汽车的性能、特征、优点，正在双方交谈商洽的当儿，只要太太开始将腿交叉盘起来，凡是惧内的男人，几乎都立刻顺从妻子的这个动作，自己也将腿盘起来。这类的夫妻，在家里，基本上是妻子掌握一切事物的决定权，丈夫连表示一点意见的权利都没有。知道了这个秘密之后，只要主攻目标对准妻子，一心一意去说服她，那么，就能使推销的成功率达到90%以上。这就是那个推销员告诉我的经验之谈。

脚部和腿部在"身体语言"上所代表的意义，准确的程度到底有多大，仍然众说纷纭，莫衷一是，在目前，还没有最肯定的理论支持这种说法。但是，许多专门研究身体语言的学者、专家们都一致承认，脚和腿的动作是人们感情表现的最重要的征象之一。因此，假如你与某人有约会，当你比约定的时间晚到几分钟时，请你注意对方的表情。当对方表示出非常的不耐烦，出现同我们前面所说一模一样的举动时，说明对方对于时间相当的敏感，相当守时。以后还是小心为妙，尽量遵守约会的时间，有事也应事先通知，否则肯定会影响两人之间的关系。

不同走姿体现不同性格

英国心理学家莫里斯经过研究发现了一个有趣的现象：人体中越是远离大脑部位的动作，越是可能表达其内心的真实感情。从脸往下看，手位于人体的中间偏下部位，诚实度可以算中庸，研究发现，人们或多或少在利用手来说谎。脚离大脑的距离最远，相比之下人的脚部要比其他部位"诚实"得多，因此，脚的动作能够泄露人们独特的心理信息。

与其他的肢体语言一样，脚的动作有特殊意义。汉语中很多词语都是用来描述脚的动作的，例如轻、重、缓、急、稳、沉、乱等。这些形容词与其说是描写脚步，不如说是在描述人的心态：稳定或失衡，恬静或急躁、安详或失措等。

人们能够从"脚语"来判断一个人的性格或心情。

行为学家明确指出："在一般情况下，要判断对方的思想弹性如何，只要让他在路上走走，就可以基本了解了。"一个人的心情不同，走路的姿势也就不同；每个人的禀性各异，走起路来也有不同的风采。

除了走路，在其他场合下的"脚语"也能表露出某个人的心理活动。例如，一些参加面试的人，虽然他们冷静地坐着，表情轻松，面带微笑，肩膀自然下垂，手的动作和缓，看似雍容自若。但你看看他的脚，两只脚扭在一块儿，好像在互相寻求安全感；然后他的两脚分开，几乎不为人所察觉地轻轻晃动，好像想逃走；最后，他们又两腿交叉，而且悬空的一只脚一上一下地拍动。虽然坐着没动身，两只脚却泄露想脱逃的意愿。

因此，可以说，在泄露人的心理活动这一方面，脚是全身最诚实的部位。可惜很多人都顾不上或不注意观察这个部位，对这方面的知识也缺乏了解。

走路低头的人沮丧，有的人走路的时候总是拖着步子，把两只手插进衣袋里，头常常低着，只埋头走，不抬头看路，不知道自己最终要去哪里。这样的人往往是碰上了难以解决的问题，到了进退维谷的境地。很多快要走入绝境的人常常有这样的表现。

走路前倾的人谦虚，有的人走路总是上体前倾，而不是昂头挺胸。这种人的性格比较内向和温和，为人比较谦虚，一般不会张扬，很注意严格要求自己，很有修养。他们的脚步有时很慢，不时还会停下来踢一下石头，或者捡起什么东西来看一下，然后又丢下。从一般的情况看，有这种行为的人往往心事重重。

走路沉稳的人务实，有的人走路从来都是不慌不忙的，哪怕碰到了最重要最紧急的事。这种人办事历来求稳，无论做什么事情都要"三思而后行"。这样的人比较讲究信义，比较务实，一般来说，工作效率很高，说到做到。

走路两手叉腰的人急躁，有的人走路两手叉腰，上体前倾，就像一个短跑运动员。他们可能是一个急性子，总希望在最短的时间之内跑完急需走完的路程。

这种人有很强的爆发力，在要决定实施下一步计划的时候常常表现出这样的动作。在这段时间里，从表面上看，他们处于沉默的阶段，好像没有什么大的举动。其实，这叫"此时无声胜有声"。他们的这种动作，实际是一个大大的"V"形，正是他们在告诉别人，胜利正在向自己走来，你们就等着我的好消息吧！

喜欢踱步的人善于思考，就姿态而言，这是非常积极的姿态。但是旁人可能对踱步者讲话，因而可能使他思绪中断，并且干扰到他正想作的决定。多数成功的推销员了解：要让踱步的顾客单独思考是否决定购买自己所推销的商品，不要去打扰他，这点是很重要的。当他想要问问题时，他才停止踱步思考。有许多成功的谈判乃至于一方咬着舌头不吭气，让另一方继续决策行为，在地毯上踱方步。

高抬下巴走路的人傲慢，有的人走路的时候，下巴高高地抬起，手臂很夸张地来回摆动，腿就像高跷一样显得比较僵硬。他们的步子常常是那样的稳重而迟缓，好像刻意要在别人的心目中留下深刻的印象。这种人非常傲慢，如果不想与这样的人对抗，在他们的面前最好表现得谦虚一点。

漫步的人外向，端步的人内向，有的人走路总是不正规，就像玩儿似的，一点儿也不规范。这种人与喜欢踱步的人正好相反。他们属于外向型的人，对周围的一切事情都感兴趣。

这样的人对什么事情都不会很认真，可以接受各种各样的意见。人们称之为曲线形的人。

因此，泄露人的心理活动这一方面，脚是最诚实的部位，所以对此加以了解是必要的。

站姿，人之秉性的自然表现

站立的姿势也可反映一个人的性格特征。一些人在站立时，抬头、挺胸、收腹，两腿分开直立，两脚掌呈正步，像松树一样挺拔。这种人一般健康自信，因为自信，所以这种人做事雷厉风行，魄力十足；这种人很富有正义感、责任感，很受人们的青睐。

与之相反，站立时弯弯曲曲、头部下垂、胸不挺、眼不平的人，则是自信心不足，做事畏缩不前，对风险和责任望而生畏。这种人可能天生就是偷鸡摸狗的材料，因为他们做贼心虚，所以头抬不起，胸不敢挺。还有一种人也如此，那就是一辈子与药罐子为伍的人，当然，这种人不是不想挺直腰做人，而是因为生病之故。

有一种站立姿势则是前面两种人的一个折中。这种人有着不倒翁的能力，他们遇着南风往北边倒，遇着北风往南边倒。为了不倾不斜，这种人尽阿谀奉承、拍马钻营之能事。这种人还善于伪装，伪装得让人觉得马屁拍的声音不大，但很温柔舒服。因此，这种人一般深藏不露，城府很深，有的可以用心肠歹毒和阴险狡猾来形容，所以面对他们应该小心慎重。当然，他们这群人中也混有那些缺乏主见、优柔寡断之人。

人们一般提倡丁字步的站姿：两腿略微分开，前后略有交叉，一只起平衡作用，身体的重心则放在另一只腿上。这样不显得呆板，既便于站稳，也便于移动。站立的姿势适当，你就会觉得呼吸自然、发音畅快、全身轻松自如，特别有助于提高音量。只有好的站姿，才能使身姿、手势自由地活动，才能把自己的形象充分地表现出来。站立姿势，只有给人以直、挺、高的美感，才是最好的站姿。

所谓"直"，就是站立时脊柱与地面保持垂直，在颈、胸、腰等处保持正常的生理弯曲，颈、腰、背后肌群保持一定紧张度。

所谓"挺"，就是在站立时身体各主要部位舒展，头不下垂，颈不扭曲，肩不耸，胸不含，背不驼，髋、膝不弯。

所谓"高"，就是站立时身体重心提高，并且重点放在两腿中间。

站姿是性格的一面镜子。我们应该细心观察周围的人，从他们站立的姿势语言去探知其性格心理。

坐姿是窥探内心的关键

坐姿是心灵的暗示。从坐的方式、坐的姿态、坐的距离中，都可以窥探出一个人真实的意思，了解一个人心理上的动向。

在日常生活当中，人们的坐姿各具特色，千姿百态。每一种坐的方式，似乎是无意，而从这貌似随意的过程中，却可以探出其心理活动的规律。正确地观察一个人的坐姿，就必须观察其三个基本要求：一是他坐下时与对方所保持的距离；二是此人对对方所采取的坐的方向；三是此人的

第四章 手足连心——肢体表情从来不会说谎

坐姿是何种形态。

从坐的距离观人，谈到坐的距离，这个距离的大小，足可显示出侵犯对方身体空间的程度。也就是说，互不相干的人，假使距离过近，当然会产生不愉快或不安的感觉。彼此亦构成侵犯对方的领域。

相反，如果两人是情侣的话，即使身边空位再大，他们也会挤在一块儿卿卿我我。以此类推，同样是一个单位的工作人员，那些与领导沟通良好的人与对上级持有反感情绪的人员，其与上级之间选择座位的距离就会有所不同。

排座也相当有意思。领导赏识的人，或者想讨好领导的人会坐在领导的两旁或靠近的地方，以表示自己的忠诚与专心，而领导不喜欢的人，或对领导抱有不满情绪的人，通常会坐在离领导远的座位或者某个角落。这就表明了两者心理上的距离如同其座位间的距离一样大。

从坐的姿态观人，坐在椅子上时，有许多人马上脚就交叠或扶住椅把。坐在椅子上马上将脚交叠的人，是不喜欢输给对方且有对抗意识的表现。

和上司或顾客谈生意时，或会面时脚交叠的时候，会被对方视为骄傲的人，有损对方对自己的印象。

女性两肘靠在桌面上交叠的时候，同时又不断反复交叠后放下，放下之后又交叠的时候，是很关心对方男性的表示。在交谈期间，先将脚叠起来的人，是表示自己的优势。另一种脚稍微叠起一点点是表示心里的不安。

从坐的场所观察人，一般的情况下，宁可坐旁边而不坐正面的人，是要推测对方的心理。情侣在一起的时候，是这种心理的表现。但也有些不是情侣，而坐在旁边的时候，当然也是推测心理的一种表现。此外这也含有亲近感、爱情或者不安定的精神状态等。

坐在对方的正面的时候，是想使对方能够了解自己。此时的特征是观察、敬意、哀怨、拒绝、小心等。初次见面与在生意上与对方接触的时候，这种场面经常可以看到。因此，请客的时候，把主宾请坐上位的礼貌，也是由此开始的。

也有一部分人喜欢找靠近房间门处的座位坐下来。这种人的权力意识强烈，但同时另一方面也有谨慎之处。此时的特征含有警戒、小心和监视的意味。

一般而言，素不相识的人在一个狭小的空间里，也会下意识地保留一定的空间距离。彼此不熟悉的人，靠得太近，容易引起他人心理上的不安和不快。在社会生活中，从这些乘车选座的小动作上，可以是了解一个人的很好机会。

就乘车来说，在始发站的车内，靠窗户两边的座位会有人抢着坐。这是因为最先上车的乘客总是想与其他人保持距离，尽可能找偏远位置而坐；其次，则选中央位置；然后，逐次坐填其他空位，直至坐满为止。

这种方式选择座位的人，大多数是属于性格拘谨、与世无争的人，他们缺乏积极的竞争意识，他们一方面维护自己的身体空间，另一方面也是尊重他人存在的一种表示。

但是，假使车内人潮汹涌的话，就无法有充裕的身体空间了。人们相互间挤来挤去，甚至动弹不得。这个时候他就会产生不愉快的感觉，不仅是由于个人身体失去自由而引起的，也因为心中认为自己的固有空间受到侵犯而造成。处在这种状态中的人，就会试图忘记自己的存在，把视线投到漫无目标的方向去，犹如自己变成物体任意受人摆布。因为既为物体，就不需要有任何意识的感情存在，而得以泰然处之。

第四章 手足连心——肢体表情从来不会说谎

这是大多数人在一般人际关系中，选择座位的方式。也就是说，在没有感情好恶的特殊心理关系情况之下，谨慎的人大都会选择足以保护身体空间的座位。

对人们而言，站立的姿势，乃是最适合活动的一般状态。

我们在坐着的时候，往往以立刻站起来的姿势为前提。浅坐于椅子上的情况，就是一个例子，显得比较紧张，而且处于随时可采取行动的状态。在心理学中，称之为"警觉性"高。但是，一旦处于放松状态时，"警觉性"便会降低，而且会悠然稳坐，大跷二郎腿。

凡是坐姿稳如泰山的人，在精神上大都处优势地位，或者是有意处于优势地位者，而居于劣势地位的人，大都采取立即站立的坐姿。

这种随时都在保持浅坐姿态的人，是在潜意识中欲表现对他人的恭敬和洗耳恭听的缘故。

此外，由一个人的坐姿所表现的心理，也有许多种。例如，一坐下来立刻跷起二郎腿的人，大都深具戒心及不服输的对抗心理。东方女性一般都没有跷腿的习惯；因此，敢大胆跷起二郎腿的人，表示对自己容貌颇具信心，也希望由此引起男人的注意。因此，这种女子自尊心极强，与异性交往时，要赢得其芳心或以心相许并非易事。

欲坐在客厅内角的人，权力欲较强，大致而言，背向房间内角而坐的人较背向入口处坐的人，具有心理方面的优越感。

在现代企业中，有这样的一种面试方法，称为"紧张面试"。即主试人坐在房间内角的桌子后面，应试者则背向门口而坐，双方采取对坐方式。应试者由于背向门口，因此，心中容易忐忑不安。此种方法试图从应试者在不安定的心理状态中，了解其内心深处的反应。

由这些事例可以得出这样一个结论：在聚会场所里，尽量往里面坐的人，其权力欲也必定较强，同时，这种人对于可能加诸本身的威胁，也特别敏感，因而会变得较为神经质，凡事都特别小心谨慎。

睡姿泄露一个人的潜意识

观察和了解一个人的性格有很多种方法，但若说到一种最好的方法却并不多，睡姿是其中的一种。一个人以什么样的姿势睡觉，是一种直接由潜意识表现出来的身体语言。一个人无论是假装睡觉还是真正的熟睡，睡姿都会显示出一个人在清醒时、表露在外和隐藏在内的某种思想感情。对于自己而言，我们在很多时候并不知道自己在睡觉时采取什么样的姿势，不妨问一问身边亲近的人，然后根据实际的性格对比一下。除此以外，还可以对别人有个大致的观察和了解。

采取俯卧式睡姿的人，大多有很强的自信心，并且能力也相当突出。对于所追求的目标，他们的态度是坚持不懈，有信心也有能力实现它。在绝大多数情况下，他们都能很好地把握住自己。他们对自己有清楚的认识，知道自己是谁，也知道自己在做些什么。他们随机应变的能力比较强，懂得如何调整自己。另外，他们还可以很好地掩饰自己的真实感情，而不让他人看出一点破绽。

在睡觉时采用婴儿般的睡姿，他们的独立意识比较差，对某一熟悉的人物或环境总是有着极强的依赖心理，而对不熟悉的人物和环境则多恐惧

第四章 手足连心——肢体表情从来不会说谎

心理。多缺乏安全感，比较软弱和不堪一击。他们缺乏逻辑思辨能力，做事没有先后顺序，常常是这件事情已经发生了，连准备工作还没有做好。他们责任心不强，在困难面前容易选择逃避。

侧卧，一般情况下，常常侧卧的人是个漫不经心的人，不能说这种人对生活不投入，但很多时候他们会当一个生活的旁观者，或许他们只是在游戏人生。事实上，这种人属于情绪型的人物，总是处在情绪的波动之中，做事情时感情色彩对他们的影响比较大。不过他们也有自己的长处，能很快忘记刚刚遇到的不快，而重新做自己的事。他们不仅是个耐心的听众，而且很多时候也愿作为一个参与者加入到交谈中。一般情况下，他们从不为自己树敌，很多人都能与这种人和平共处。

日常生活中，这种类型的人一般都有很好的表现。当然也有大失水准的时候，这跟他们波动的情绪有关。这些人对自己的内心世界也有较深的了解，深知自己存在的缺点，但并不打算去改变，他们始终认为人无完人，况且现在的生活已经相当不错了。所以，他们也不会去做些没有报偿的事情。

独睡，独睡的人一般是具有自恋倾向的人。

一般来说，喜欢独睡的人无论在生活和工作中，都是一个独行主义者。他们极度重视自己的私人空间，认为那是神圣不可侵犯的，自己的领域不会随便让别人闯入，即使对方是自己最亲密的人。

这种人的最好伙伴就是孤独，因此他们一般没有太过亲密的朋友。在成长过程中，他们已习惯了独立解决问题和应付一切困难。这种人太喜欢独自一人生活了，他们把自己的感情世界看成是生命的堡垒，从不邀请别人走进自己的内心与之倾心交谈。在生活中，他们完全是一副自给自足的样子，从来不信任任何人。他们不想别人干涉自己的私人生活，也并不会认为他人关心自己是有意与自己为敌。

裸睡，习惯裸睡的人一般是感性生活者。

一般来说，许多北方人都习惯裸睡。喜欢裸睡的人向往自由和轻盈的东西，所以，被束缚了一天的身体已经够难受的了，当晚上回家后，他们就想要自己彻底放松。

从这种类型人的行为中可以感觉到，他们是比较感性的人，做事情时，他们一般靠感性去作决定。例如当这种人新结识一个人时，他们不是按照通常的方法去认识这个人，而是完全凭自己的直觉去判断这个人，看他是否值得自己去结识，所以他们的成功和失败是完全对等的。

喜欢睡在床边的人，他们会时常缺乏安全感，理性比较强，能够控制自己，尽量使这种情绪不流露出来，因为他们知道事实可能并不是这个样子，那只是自己一厢情愿的想法。他们具有一定的容忍力，如果没有达到某一极限，轻易不会反击、动怒。

在睡觉时整个人成对角线躺在床上，这一类型的人多是相当武断的，他们做事虽然精明干练，但绝不向他人妥协，态度是我说怎样就怎样，他人不得提出反对的意见。他们乐于领导别人，使所有的事情在自己的直接监督下完成。他们有很强的权力欲望，一旦抓住就不会轻易放手，而且越抓越紧，绝不愿与他人分享。

喜欢仰睡的人多是十分开朗和大方的，他们为人比较热情和亲切，而且富有同情心，能够很好地洞察他人的心理，懂得他人的需要。他们是乐于施舍的人，在思想上他们是相当成熟的，对人对事往往都能分清轻重缓急，知道自己该怎样做才能达到最好的效果。他们的责任心一般都很强，遇事不会推脱责任选择逃避，而是勇敢地面对，甚至是主动承担。他们优秀的品质赢得了他人的尊敬，又由于对各种事物能够做出准确的判断，所以很容易得到他人的依赖，也会为自己营造出良好的人际关系。

双脚放在床外的睡觉姿态是相当使人疲劳的，但还有人选择这样一种睡姿。这一类型的人大多是工作相当繁忙，没有多少休息时间的人。他们的生活态度是相当积极和乐观的，在绝大多数时候显得精力充沛，而且相当活泼，为人也较热情和亲切。他们多具有一定的实力和能力，可以参与加入到许多事情当中，生活节奏相当快。

头摆在双臂之间，脸朝下，背部朝外，膝盖缩起来，藏在胸部下方，采取这样一种睡姿的人，一般具有很强的防卫心理，并且这种心理时刻存在着，准备随时出击。他们的自主意识多比较强烈，不会听从他人的吩咐或摆布，去做一些自己并不愿意做的事情，更不会向权势低头，假如有人强行要求他们，他们就会采取必要的措施来应付。

双手摆在两旁，两脚伸直坐着睡，这种睡姿在生活当中并不多见，但仍然存在。这一类型的人多时刻处在一种高度紧张当中，他们的生活节奏多是相当快的，而且规律化极强。每天在什么时间做什么事情似乎已固定下来，而他们在这个过程中，身体和思想在自然而然中也形成了一定的规律，俨然条件反射一般。

双臂、双腿交叉在一起睡觉的人，自我防卫意识大多数比较强，不允许他人侵犯自己的空间。他们的性格是非常脆弱的，很难承受某种伤害。他们对人比较内敛、冷漠，经常压抑自己而拒绝真情实感的流露。

在睡觉的时候习惯握着拳头，好像随时都准备应战，这一类型的人假如把拳头放在枕头或是身体下面，表示他正试图控制这种情绪。假如是仰躺着或是侧着睡觉，拳头向外，则有向人示威的意思。

日常交流动作有深意

我们要完完全全地认识一个人,只听他说出的话是远远不够的,因为他的话可能是真也可能是假,还有可能半真半假。

在日常生活当中,人们仅仅依靠一张嘴是很难完成交际沟通的,以及真实全面地传达出自己的感情,于是采用了一些辅助手段。手舞足蹈说的是人高兴时的手足动作,抓耳挠腮说的是人着急时候的样子,张牙舞爪说的是人凶恶的表现……从中不难看出身体的动作可以作为表达情感的辅助工具,也可以从中窥出一个人的性格特征。所以要想深入了解周围人的真情实感,可以从细心留意他们的一举一动入手。

东拉西扯,频频打断别人话题的人,这种人倾向于冒进,欠缺稳重,给人一种毛头小子的感觉,很少有人会和他们长时间地交流,更别提促膝而谈,所以他们很少有真正的朋友和可以依靠的人。除非有求于他们,但必须提防的是他们做事往往虎头蛇尾,雷声大,雨点小,所以千万不要把全部的希望都寄托到他们身上,否则定会吃大亏。

习惯性点头的人,这种人比较关心他人和体贴别人,知道给予配合的重要性。及时表达自己的认同,可以使说话者增强自信和对谈论话题深入思考,并得以充分发挥,有利于找出最好的解决问题的方法,于人于己都有好处。在日常生活与工作中,他们同时也是愿意向他人伸出援助之手的人，能够尊重别人的弱点，在力所能及的范围内寻求到解决的方案，具有热心助人的性格特征。能够聆听别人全部的说话内容，并给予认真的思考回答，让说话者会有被认可的感受，因此，会认可和欣赏他们，把他们当成可以深交的伙伴。他们也是一些乐于交朋友的人，这不仅表现在能够给予朋友力所能及的帮助，而且还在内心深处关怀和体贴朋友，处处为朋友着想，时时想着为他们排忧解难，准备随时帮助朋友，最为难得的是经常在尚未得到别人请求协助的时候便伸出了援手。

心不在焉的人，这种人属于精神涣散者。他不重视谈话过程，自然不会在意谈话内容，假设用心听了，那也是粗枝大叶，丢三落四。这种结果的外在表现是他们办事容易拖拉，一延再延，因为他们根本就不知道对方让自己做什么，而且得过且过；如果目标已经明确，条件也具备和成熟，他们却又往往无法把精力集中起来，或是一心二用，或是驰心旁骛，接到手中的任务往往不了了之，毫无责任感，终生难有所成就。

喜欢凝视别人的人，是一种意志力坚定的表现，他们常常不用过多的言语与动作就已显得咄咄逼人了，而且不管是男是女，都表明他或她现在是充满力量的强者。假如眼光真的可以杀人的话，他们的凝视肯定可以成为致命的武器，因为与这种目光接触，难免会有受到攻击的恐慌。实际上，大多数人之所以凝视他人，只是为了想看穿对方的性格而已，并无实际攻击意图。

乐于与别人目光接触的人，无疑是主动向对方展示自己的内心，表明既希望能够深入了解对方，也为对方了解自己敞开了大门。他们充满了自信和直爽，从不怀疑自己的动作会给他人带来不愉快。他们懂得为他人着想，所以做事专心，尽量满足大家的要求，希望做出好的成绩让公众认可自己，接纳自己；懂得礼貌在交际中的作用，能够把握分寸，非常适合需要面对面进行交流的工作。

乘人不注意窥视他人的人，这种人属于心术不正类型。自身根本就没有什么特长或惊人之处，但却总是想着能够"不鸣则已，一鸣惊人"。他们不知如何才能实现这个愿望，而现实当中又很少有人愿意理会这些空想家，结果使他们的自尊心受到很大的伤害。为了实现自己的白日梦，向世人证明自己的存在价值，他们学会了"工于心计，善使机关"。

坐立不安、精力充沛的人，这种人给人一种事业型的感觉，而他们也正是按照事业类型打造自己的。由于身边的工作机会很多，为了早日实现自己的目标，他们不允许自己错过任何机会，积极投入身边的所有事情当中，忙完这个忙那个，放下一头又抓起另一头，结果心急吃不了热豆腐，疲于奔命，造成极度的紧张，无法专心致志于分内工作，得不偿失。

动作夸张的人，哪怕是鸡毛蒜皮的小事，他们也要上蹿下跳，扰得周围的人不得安宁。但他们的本质是好的，并不是存心想要别人不舒服，之所以会这样，其实是按捺不住热情和好强，认为光靠言语不足以表达心中炽热的感情，所以必须加进一些夸张的动作来表达自己的内心想法，以引起他人的注意和进行思考。可是在他们的内心深处，通常存在着极度的敏感和不安，他们无法确定自己的这种方式能否被人认可和喜欢。

第五章　说话听声
—— 一瞬间参透话外之音

　　个人的言语，在 定程度上可以反映 个人的 些实际情况。言谈话语表达出来的信息有真实与不真实之分，要想准确识别单凭感觉是不够的。你不仅要分析他人的话中之意，更要分析其言外之意，同时，还要捕捉住一些相关的细节加以辅证。假如不善于分析他人的言论，辨其是非善恶，是无法正确考察一个人的。

嘴是心灵的大门

怎样通过观察一个人感情的变化、为人处世的态度和遇事时的反应，来了解他做人的基本准则呢？人们往往把自己的真实情感深深地隐藏起来，要想了解一个人，必须注意了解他的话语中蕴含的意思，还要注意观察他同意或赞赏什么样的观点。注意了解他的话语中蕴含的意思，也就是要听懂他的话语中包含的究竟是善意还是恶意；注意他同意或赞赏什么样的观点，也就是要看他心中对各种观点持何种评价标准。因此，既要弄懂他的话语中包含的意思，又要观察他同意或赞赏何种观点，这样，把两个方面对照起来看，就可以对他有了另外的认识。

在辩论中，一个人如果论点突出，态度端正，内容让人容易明白，这就叫作"白"；如果一个人不能言善辩，又不善于对答如流，反倒让人觉得他高深莫测，这就叫作"玄"；能够辨别"白"和"玄"的能力就叫作"通"；有的人说话反复无常，没有中心内容，逻辑非常杂乱，这就叫作"杂"；有的人能够预知未发生的事情，这种能力叫作"圣"；有的人能够深入思考精微的道理，这种才能叫作"睿"；有的人见识超过常人，这种能力叫作"明"；有的人内心精明，外表上却并不显露出来，这就叫作"智"；有的人能够观察与识别非常细微的东西，这种能力叫作"妙"；有的人很清楚什么才是美好的，这就叫作"疏"；有的人掌握的东西多，精通深奥的道理，这种才能叫作"实"；有的人假意去迎合别人并且喜欢炫耀，这就叫作"伪"；只看见自己的长处，叫作"不足"；自我夸奖自己的能力，叫作"有余"。因此，只要事情不符合正常的道理，就一定有其特别的缘故。一个人如果内心忧虑，那么他的外表就会显得疲劳；如果身体有疾病，他的外表就会显得黯淡肮脏。高兴的表情显示出人们的欢欣喜悦；扭曲夸张的表情却表达出他的愤怒之情；喜怒无常的表情是嫉妒别人的表示。等到一个人的表情尽显无遗后，他的话语也会随后而至，如果一个人说话时，语气非常愉快，但是脸上却没有相应的神色出现，那么他的话就是违心之语；如果一个人说不清楚他想要表达的意思，但是却露出诚恳可信的神色，那么他说不清楚只是因为他不擅于口头表达；如果一个人话还没说出口，已经怒气冲冲了，那么他的心里一定是非常愤怒的；如果一个人说话时吞吞吐吐，但是他愤怒的神色却是显而易见的，那么他是在做无奈的忍耐。

以上这些不同种类的情况，说话人的真实心理已经显示出来了，这是掩饰不住的，即使他想掩饰，但别人从他的神色上也能看出来。

话语中的心灵密码

自古就有诸葛亮的"七视读心识人法"，实际上这是通过有目的的谈话交流来看透一个人。在生活中，只要你稍加留心，就会发现每个人说话都各有特点。在心理学家的眼里，通过观察说话方式，可以进一步了解一个人的内心世界。

一些人喜欢发表自己的评论，各行各业的事情都会点评一二，这种人脑子里容纳的东西非常丰富，也能从侃侃而谈中产生一些奇思妙想，这类人做事可能会生出十几条主意，但很可能都落实不到点子上。因为他们往往只求驳杂而缺乏精深，难以把握要领实质，且容易忽视重要的细节。这类人常常自以为是，很难谦虚谨慎。

言谈中喜欢标新立异、引用时髦词汇的人，思维活络、好奇心强，他们通常不拘泥于现状，对新鲜事物充满乐趣和激情，常能迸发出奇思妙想。这类人的缺点是容易随波逐流，左右徘徊，难以形成自己的主见，遇到困难常常不敢独立面对，并且很难想出解决问题的办法。

假如和对方相识不久，交往一般，而对方就忙不迭地把心事一股脑地倾诉给你听，并且完全是一副苦口婆心的模样，这在表面上看来是很容易令人感动的。然而，转过头来他又向其他的人做出了同样的表现，说出了同样的话，这表示他完全没有诚意，绝不是一个可以进行深交的人。

这种人对一切事物都没有什么深刻的印象，千万不要附和他所说的话，最好是不表示任何意见，只需唯唯诺诺地敷衍就够了。

有些人唯恐天下不乱，经常喜欢散布和传播一些所谓的内幕消息，让别人听了以后感到忐忑不安。例如"公司将会裁员"、"公司将会改组"、"上司对某某人不满"等话语，都是这种人的"口头禅"。

其实，这样做的人的目的只是为了引起别人的注意而已，为了让他们好下台，你只需用"噢！是真的吗？"这类话语搪塞一下，他们就会感到满足了，从而你也就蒙混过关了。

在公司中，有许多人为了保持现状，对一切事情都抱着"事不关己、高高挂起"的态度。他们不参与任何是非争执,但同样地,也不会多付出一点点精神在公事上,上下班的时间他们绝对把握得很准时。

这种人对公司缺乏归属感,而且不容易相信别人,但还可以做朋友,假如能够打开他的心扉,进入他的心灵的话,也可能会成为知己。

和上面所说的那种人相反,还有一些人对公司很有感情,他们从来不分上下班时间,都愿意待在公司里工作,甚至会在公司里做一些私人的事情,好像把公司当成了自己的家。

这种人的最大特点就是把私人时间和工作时间完全混淆了,他们对此没有概念上的划分,工作起来非常刻苦。因此,一旦遇到加薪幅度不够理想和遭受老板批评这样的事情,他们就会感到委屈,并很激动地认为公司欠他的太多。

与这种人多接触的话,肯定会有助于你对公司有更多、更深的了解。但是,有一点必须记住,那就是千万不能效仿他们的作风。

每个人都会说"语外语"

一个人,不论他如何隐蔽自己,我们都可在谈话中看出他的心情和性格。

从前,日本有一位有名的武将——武田信玄。他曾经向4位少年叙述有关战争的事,然后从他们听话的反应来判断他们的志趣和能力。

作为实验对象的4位少年，在听他叙述战争的故事时，表情完全不相同。

第一位一直张着口，呆呆地望着武田信玄。

第二位始终低着头，全神贯注地听着。

第三位却面带微笑，听得津津有味，似乎已领会出其中的含意。

第四位则听完之后马上离开。

后来，这四位中，第一位虽然参加过好几次战役，却没有什么战绩，而且对事情的判断力很差，也没有比较知心的朋友。第二位成为有名的武将。第三位后来也相当有成就，不过，由于他的权术超人，遭到不少人的嫉妒和中伤。第四位却变成只会嫉妒别人的胆小鬼。

这些比喻虽然不能说很正确，但是从这个例子中，我们可以了解到"在谈话中透视对方"的方法。

我们不能因为对方很顺从地在听我们说话，就认为他是"孺子可教也"。我们应该在谈话中，注意对方究竟是关心哪一段话，然后才有办法透视他。

我们若想知道对方到底有没有真的在听我们说话，最好是拿出我们说过的话来问问他，如果对方想马马虎虎地应付，一定会牛头不对马嘴。

我们如果细心观察，不但可以从对方表示赞同的态度中了解到他的心意，并且也可看出他的个性来。

当我们话还没说完时，对方就很快地表示赞同，这种人性情一定很急躁；否则就是那种盲目附和，毫无主见的人。

完全不表示意见的人，可能是心不在焉，或者对我们所谈的没有兴趣，这时我们就要考虑换个话题。

还有一点必须注意的，就是在谈话中，对于对方的动作也必须加以留

第五章 说话听声——一瞬间参透话外之音

意,因为除了眼睛以外,手也能表达意思;甚至有时候,手比嘴巴更能表达心意。

如果对方把双手交叉在胸前,可能是一种下意识的反抗动作,他的心里跟你保持了一段距离。

如果对方很焦急,却又来不及说出来,我们可以从他双手的动作上看出来。因为发怒或兴奋,通常都是紧握拳头,但是,两手互相合拢,指头交互穿插做前后移动,或是频频在玩弄东西,或以手指头击打膝盖等等,这些动作都是表示某种特定的讯号,如果你仔细地观察,对于你的判断将有很大的帮助。

除了正式的语言之外,声音及身体上的任何一部分,同样都能表达语言。声调的高低,可能是表示某种特别的意义。有时候,好强逞能的人在语气中也会含有悲哀的音调,这时,我们就能很容易地看出他的另一面。"音调、态度和动作所表现出来的含义,被心理学家称为'语外语'……"

根据语言专家的统计,这种"语外语"大约占所有语言的半数。

凡是熟练自然的行为,心理专家都能在小小的动作当中透视对方的心理。因为这些动作含有人的感情、冲动、感觉、野心等种种特性。

说话,实质上是一个人品性、才智的外露,只要考察者出以公心,从一个人的说话,定能有所发现。例如,三国时,陈琳曾在一篇檄文中把曹操骂得狗血喷头,但曹操却从中发现陈琳是一位很有才华的人,后来予以重用。张辽被曹操捕获,对曹操破口大骂,曹操却从中发现张辽是位性格直爽的忠勇之士,而当场释放,委以重任。而吕布虽武艺超群,但一见曹即跪地求饶,其声甚切,但曹一听其言,复忆其行,即知其是反复无常、贪生怕死之人,当即处死。由此可见,言行除了其本身所内含的内容之外,还有着与言行同时出现的说话者内在的东西,这些东西虽然不像语言那样直观，却也会透过说话时的一举一动和许多微小的细节而暴露无遗。听言观行识人，其实功夫还在言外。

经验丰富的人们告诉我们，在听言观行中，不要凭一时一事来匆忙下结论，而要全面考虑，尤其还要注意以下几点：

一是众人观察。下判断时，一定不能只凭个人一隅之见，而要听群众意见；之后，还要"察之"，要看其是否果真如此，勿为不负责任的"闲言碎语"或"恶意中伤"所离间。

二是长期观察。德才的确定，不能只凭一时的表现，而需经较长时期的考察。

三是全面观察。评价人才要"公听并观"从各方面进行观察，德才资全面衡量；观其主旨，不求微功细过。

四是责求实效。即根据实绩判断能力的强弱才是正确的知人之法。

诱导对方说出来

人们都希望能够根据表情、动作，可以看穿对方心理，然而在形形色色的人中，有些人面无表情令人难以捉摸。这种人最难以相处。碰到这样的顾客，根本无法掌握其购买的意愿。甚至商谈过程中，令人以为有购买的欲望，而在商谈结束后却表示拒绝。也可能看似带有好感，其实内心感到憎恶。或许话中另有玄机，表面上说"不"内心却说"是"。

第五章 说话听声——一瞬间参透话外之音

相信有不少人多么渴望有面可以照射人心的镜子，以避免人际关系中的揣摩之苦。

专注地盯着眼前的商品把玩的顾客，到底是为了消磨时间或真的想购买？若要诱导人们的真心必须积极主动地出击以判断其反应，这时当然需要一点心理上的技巧。

（1）是否惹人嫌

人际往来中最难以掌握的，是揣摩对方是否对自己有好感。实际上对方有否好感在反应上会有某些不同的表现。

譬如，凝视对方，故意目不转睛地盯着对方的眼睛谈话。如果对方是异性而对你有好感，当你盯着她瞧时，她也不会岔开视线，她的眼睛会一眨也不眨地凝视着你。在这个时候轻声地说些甜言蜜语，会使她的眼神变得柔和。从眼睛可以了解女性的心理。

但是，推销的场合不能如法炮制。该如何才能掌握对方具有"好感"的真心呢？

在交谈中不妨故意拂逆对方的意见处处给予反驳。接连数次向对方表示"不"，对方的态度必会急速地转变。尤其是对方想要传达自己的心意时，故意给予打断而大声地抢话说。在这个关头对方会露出真心。如果对你不表好感，会抗议道：

"喂，你！先听我说完吧！"

"和你这种人谈话真讨厌！"

如果是平常对你抱有好感、赏识你的人品的人，稍微让他感到焦躁并不碍事。不过，如果对方当时心情不佳，或发生不如意的事，就另当别论了。

（2）对方是否有急事

听对方不急不缓地说："我们慢慢谈吧！"而真放慢步调打算从长计议

时，对方却突然显得坐立不安。该如何判断对方是否有急事呢？对方的心理该如何掌握才合适？

技巧是试着改变谈话的速度。譬如："我啊……其实……今天……"故意把话拉长地说，有急事者必会不耐烦地问："你到底有什么事？"

如果坐在椅子上则尽量舒坦地深坐。当对方有急事时会立即表态说："其实我今天有急事。"或急忙地想站起身来。

所以，若要探讨顾客是否有急事则故意慢条斯理地动作。譬如，拿起对方端出的茶慢慢品尝，或把茶杯拿在手上优哉优哉地谈话。

有急事者看见这些动作，会更为焦急而立即暴露真心。

（3）对你有排斥感吗

每个人都有其"自我空间"。与人站着交谈时自己周围的一定范围内，乃是属于自己的心理空间，与人交谈、打招呼或行礼时，都会保持一定的距离。

如果对方对你带有排斥、拒绝的心态，会稍微往后退或表现不快的脸色，女孩若对谈话对象有排斥感都会往后退一步。而男孩则会紧闭双唇，以动作来表示内心的不快，或者突然做出再见的动作主动离开。

这里所谈的心理空间也有个体差异，首先应该了解对方，平常一般保持多少距离而谈话。

另一个方法是与对方并肩而立时，故意把手搭在其肩上交谈。如果对方心存信任，又认为搭肩者的地位、能力比自己优越，平常即对其言听计从，则会暂且忍耐。如果对该人感到排斥不愿意受其命令时，会推开其靠近的手，反而渴望把自己的手搭在对方的肩上。

（4）渴望了解第三者的真心

除了要揣摩谈话对象的真心外，在谈话的过程中如何去了解身旁倾听者的真心，也有各种的技巧应用。

在宴会厅二人窃窃私语。其所谈的悄悄话其实并非二人间的秘密，而是故意做给旁边的第三者看的。这两人到底在谈些什么？不把我放在眼里！这个疑虑会令第三者感到不安。事实上，这个悄悄话本来的目的，是为了掌握在旁观察者的心理技巧。

借助交谈透视对方

虽然从对方的行为态度中可以辨别出他的心意，但是看透对方的方法，最主要的还是让对方多说话，凡是善解人意的能手，都是借着相互间的交谈来透视对方。

现代心理学，对于这个道理早已做了彻底的、有系统的分析。不过追本溯源，最先持有这个见解的人，当推2300年前的韩非子。

对此，韩非子认为：

如果要听取对方的意见，应该以轻松的态度来交谈，我们可从旁引导，让对方有多开口说话的机会，对方肯说出他的意见，我们就能根据他的意见，去分析透视他的心意。

无论是怎样的话题，都应该让对方尽量去发挥，无论内容是否真实，我们都可引来作为判断的资料，资料越多，我们的判断就越正确。但是，这样做并不是叫你一句话也不说，只默默地去听对方说话，因为过分的沉默，会使对方不好意思继续说下去。我们的目的，在于要让对方痛痛快快地把话说出来，了解对方的心意，因此必要时，我们应想法把对方诱导到知无不言，言无不尽的境地。

韩非子还说：……不要使对方因为你的话而不能接着说下去。因此，我们开口发言时应多加斟酌。

每一个人都喜欢叙述有关自己的事，都想美化自己，也都想让对方相信自己的叙述；另一方面，每一个人又想深知别人的秘密，并且都想及早转告别人。这种现象，也许可以说是人的本性。"一吐为快"的心理，有时候会受到某种因素的限制，不敢大胆地说，遇到这种情况，我们应该想办法解除限制，这样，对方就会自动地说出心意了，这就是所谓的"善解人意"。

偶尔听到部属结结巴巴向上司汇报事情的时候，如果上司很不耐烦地说："好了好了！不要结结巴巴的，有什么话赶快说。"那这位上司，真可以说是比封建时代的君主还要专制！

假如对方因为某种因素而说不出话时，你应该想办法去帮助他，使他很自然地说清楚才对。

表示赞同对方的行为，也是"善解人意"的一种方法。像别人对我们表示赞同一样，有时我们也应该适当地向人表示赞同。但这种表示赞同的行动，不宜太快或太慢，因为过与不及都会使对方认为你是虚伪的。

真正巧妙地表示赞同的方法，就是要了解对方说话的内容和趋向，然后从多方面协助他（就像向导一般地为他开路），使他的谈话能够流畅，最好在他做结论时，你就可以向他表示赞同。

"唔"、"对"、"有道理"……这类口头语，不宜多用。有时故意质问或做轻微的反驳，也可激起对方的兴趣，使他滔滔不绝地说下去。

但是，真正会说话的人，在交谈中，不仅仅要求对方能畅所欲言，同时他自己在暗中还要把持着领导的地位；这也就是说，他一方面表示赞同，一方面适当地加以询问，然后把对方引导到预期的话题来。他不会让对方发觉整个交谈过程都是由他操纵的。

有一位在新闻界很有名的记者，他的文章虽然不怎么样，但是他的采访能力非常强，不管遇到什么难题，只要他去采访，对方就不得不说出真话来。据这位记者表示："这并没有什么秘诀，只要能够充分了解对方的立场，把握好提问的方法，并配合自己的精力和耐力，再难的对手，我也不怕。"有一次，他这样说：

"老实说，我只是站在伴奏者的立场来演出，只要伴奏得法，不善于唱歌的人也能唱得很好。"

所谓"诱导询问"，是指询问者预先设好一个结论，然后再引导对方到这预期的结论来。可是善于听话的人并不这样，他似乎只是在无意中把对方诱导到自己喜欢听的话题来。这二者之间，好像没有什么区别，事实上，他们的目的和方法却完全不同。

听出对方弦外之音

在日常生活中，我们常会听到两种内容大不相同的对话：一种是表面的话，而另一种是"弦外之音"。

"弦外之音"，才是一个人真正表达其感情或祈求的内心话，因此，如果想要获得别人的友谊，你就要懂得如何去听取对方话中的"弦外之音"。

有时候，在对话中，是很难从对方谈话的表面上去了解他的真意。这时，就必须从隐藏在对话背后的那"弦外之音"上着手探索，才能够使彼此的意思或感情沟通。

你要设法从对方的话中去了解：他到底在想什么？有什么企图？在希求些什么？对我的印象如何？……事情。

举一个例子来看看。

在一个天气暖和的上午，你坐在公园里的一张长凳上欣赏风景。

这时候，坐在离你不远的长凳上的一名男人，突然向你说："今天天气很好啊！天上一片云彩也没有。"

如果是照他这句话的表面来想，他只是向你叙述天气的状况；可是实际上，它还隐藏着许多的意义。

首先，他表示他很想和你谈话。其次是，由于他怕你不愿意和他这么一名素不相识的人对话，所以，就借这句话来试探你的反应。

如果他一开口就问你："你是从事哪一方面的工作？""你有几个小孩？""请问贵姓？"……这一类的问题，万一你不理他的话，他不是会感到尴尬吗？所以，他就借叙述天气而和你攀谈。

这么一来，你可能会回答："是啊！天气真的太好了！如果早知道天气会这么好，我就不穿这一件大衣来了。"

如果照你这句话表面的意思去想，它只不过是表示：因为你没有料想到天气会那么好，所以穿了大衣出来到公园散步，现在却觉得穿大衣是多此一举的事情了。

不过，事实上，你说这一句话，还隐藏了这样的意思：你也想和他聊一聊。

接下去，如果他又说："可是，穿出来也不错啊！你这一件名贵的大

第五章　说话听声——一瞬间参透话外之音

衣很漂亮！"

他的话，除了说那一件大衣漂亮这表面上的意思之外，还有一个"弦外之音"，也就是：他要让你晓得，他知道那是一件名贵的大衣；而且你能够穿那样的大衣，一定是一位很有身份的人。

这又表示：他有意讨好你。其目的是，想和你继续谈话。

为了能够敏感地听懂别人言外的话，所以必须养成这样的习惯：当你听别人在说话，或者是你在和别人对谈时，你要自问："他为什么要这么说？""他那句话中的'弦外之音'是什么？"

如果对方是在炫耀他那光荣的过去，这时候你就要留心了，因为此时他心里正在期待着你的夸奖，所以，只要是认为值得或应该夸奖的，你就不妨夸奖他一下。当对方在显示他的博学或机智的时候也是一样，你也应该夸奖他，这样，我相信，你一定能够获得他的好感。

同时，你也要懂得如何听出讥讽、嘲笑、挖苦等言外之语。对方之所以会向你说这种话，一定是因为对你感到不满才会这样的。遇到这种情况时，你不要立刻反驳或一味生气，就当作没有听到好了，免得和对方发生不必要的冲突，那就不大好了。不过，事后最好能自己检讨一下，为什么别人会讥讽你？你本身是否有什么缺点？或者是无意中得罪了人家，才会引起别人对你的怨恨，而以讥讽你去消除他心中的怨恨呢？

当你晓得了其中的原因之后，能够及时改善自己的行为，那么，虽然你受到别人的讥讽，也可以说是"因祸得福"了。

如果你能够做到以上所说的那些，我相信，你会愈来愈觉得对话是一种很有趣的享受。

看透心才能有效沟通

近年来"对话"和"咨询"等词语非常流行。凡是遇到了困难的问题，不管大小，差不多都利用对话或咨询的方式来解决。人际间有了纠纷，公司内同事的意见不合，甚至连父子间有了冲突，也都以这种方式来解决……大家都认为，这种方式可以使双方沟通，一定能达到预期的效果。

事实上却不那么简单，如果都希望对方听取自己的意见，而自己却不愿意接受对方的意见，又如何能沟通呢？下面我们举一个例子来看看：

某公司的一位职员刘某，任职不到半年就想辞职，于是便向经理正式提出辞呈。经理接到辞呈之后，就在下班时约他到车站附近的小吃店去喝酒，经理说："刘君！我们来喝一杯，这里不是公司，我们暂且抛开经理和职员的身份，彼此随便谈谈吧！你说要辞职，是不是已经找到了更好的出路呢？"

刘某说：

"不！我只是最近觉得对于现在的职务没有信心罢了，所以……"

经理打断他的话，接下去说：

"只是这样吗？我还以为有什么大事情呢！你要知道，一般人进入公司半年之后，大多会对工作失去信心，假如你在这个时候投降，那么将来不论你做什么事，都会一样没有信心，你现在应该想办法克服这种困难才对。如果你能在这个时候克服你所面临的困难，你的信心自然就会恢复，为了你的将来，你应该好好考虑考虑，像你这种情形，我也曾经历过……"

经理滔滔不绝地说出一大段道理，而刘君却一直看着酒杯，一语不发，默默无言。

像上述这种谈话，到处都可看到，并没有什么特别。可是因为经理没有捉摸透刘某真正的心意，所以也就没有办法使他留下来。

不管对话的目的为何，对话的第一步应该从透视对方开始。若根本不去注意对方，只顾自己一厢情愿地说个不停的话，就对方而言，这只是"耳旁风"罢了。

一般来说，对话是识破对方最有效的方法之一，像上面这个例子，经理的毛病就出在有"先入为主"的观念，他一心想留住对方，却忘了去了解对方辞职的真正因素，所以尽管他说得天花乱坠，结果还是不能使刘某留下来。

从打招呼看对方性格

中国素有"礼仪之邦"的雅号，可见礼节在中国是如何重要及普遍。

打招呼是最简单又最普遍的礼仪，然而，打招呼也有多种不同的方式与习性，因人而异。但是，这些方式，多是性格使然的习性，反映出该人的心理状态及性格。

自古以来，大家就认定，连个"早安"的礼貌招呼都吝于出口的人，绝不会是个品行端正的人。就如同俗谚所说的"稻穗越成熟，头垂得越低"一样，任何事业成功者，无一不是谦虚大方，待人以礼的。所谓"亲如兄弟也应行礼如仪"，指的就是亲朋之间仍须有最低的礼貌存在，即使是父子之间对此也应不例外。

然而，问候的方法也有各式各样的。有时是可以看到人的情绪变化，甚至能够探讨对方心底更深层的心理状态。如同快乐欢愉时，即有愉快地招呼，悲哀时则以悲哀的方式打招呼，不高兴时根本不会理睬任何人等等。

比如说：人家正向你打招呼问候，而你却老大不情愿地草草应答，或甚至于完全不加理会的时候，试想想，此时你给对方什么样的印象呢？对方因此会怀疑你的个性也是理所当然的吧！优雅的问候请安方式，是巧妙地掩饰自我内心的不安、动摇状态，而以一如常态的外观和对方相接触。从这简单的问候招呼方式，就得以探析这人的性格和心理。

从闲谈破译他人的心态

从语言密码中破译他人的心态，闲谈是了解他人的一种最好的方式，整个氛围显得轻松愉快，又让他人心理上没有防线。

与人谈话时，一些见识浅薄，没有心机的人就会很容易地把自己的不

第五章 说话听声——一瞬间参透话外之音

满情绪倾诉给你听。对于这种人，你不应和他保持更深更多的交往，只需当作一个普通朋友就行了。

如果说与别人刚刚认识，交往一般，而对方就忙不迭地把心事一股脑儿地倾诉给你听，并且完全是一副苦口婆心的模样，这在表面上看来是很容易令人感动的。然而，转过头来他又向其他人做出了同样的表现，说出了同样的话，这表示他完全没有诚意，绝不是一个可以进行深交的人。

这种人对一切事物都没有什么深刻的印象，千万不要附和他所说的话，最好是不表示任何意见，只需唯唯诺诺地敷衍就够了。

另外，还有一类人，他们唯恐天下不乱，经常喜欢散布和传播一些所谓的内幕消息，让别人听了以后感到忐忑不安。其实他们这样做的目的是为了引起别人的注意，满足一下他们不甘久居人下的虚荣心。他们并不是心地太坏的人，只要被压抑的虚荣心获得满足之后，天下也就太平了。

善于倾听的人，其表现的是支配者的形态，此类人的谈话从不涉及自身的事情，或有关自己身边人的话题。他们的话题反而是涉及他人的某些琐事，或对方的隐私秘闻，甚至对他人的一举一动或每条花边新闻都捏着不放手，这是完全彻底地侵犯他人的隐私。

从男女情况的角度而言，表示你很关心对方，或者极度热爱对方，因为你是个忠诚的倾听者。

像这样的倾听者，十分喜欢把话题的重点放在跟自己完全无关的人、名人、歌舞影星的花边新闻逸事方面，这说明他的内心存在一种起支配作用的欲望。

由此可以得出，此类人沉迷于闲谈名人或明星风流韵事的人，同时也说明此类人很难拥有真正的知心朋友。这类人或许是由于内心生活非常孤独，没有生命的激情。一个人过于关心自己不太熟悉的事情，并且非常热心去谈论他们，都是表示他们内心世界的空虚和孤独。

在日常生活中，还有一类人，他们无论在怎样的场合，与他人交谈的时候，都习惯把话题引到自己的身上，吹嘘自己当年怎样奋斗的经历。唯恐他人不了解他的光荣历史，而结果，并不像他想象得那样好。

实际上，从某个方面来分析这类人，不难发现他是一个对现实不满的人，虽然他没有用怨恨的语言倾诉他自身的想法，相反却用自我表现的方式表达出来。

其实，他还不知道这种自我吹嘘的言谈，很难适应时代的变化。或许他是个不折不扣的失败者，完全靠怀旧来过生活。

不过，可以看出他的确陷入某种欲求不满的环境中，或许他的升职途径遭受到阻碍，或者无法适应目前所处的环境。因此，他希望忘却现实，喜欢追寻往事来弥补目前的境遇。

这是一种倒退的现象，因为眼前的情况是如此的残酷，由此，他仍用梦幻般的表情来谈。从他的话题里，别人会发现他的内心深处正潜伏着一股无可救药的欲求和不满的情结。

分析一个人内在表现的时候，他的潜在欲望不但隐藏在话题里，也存在于话题的展开方式上。在聚会上，大家彼此正在交谈时，突然有人竟然不顾别人的谈话，而突然插进毫不相干的话题，这是相当令人讨厌的方式。

有些人在与别人谈话的时候，常常会把话题扯得很远，让人摸不着头绪，或者不断地变换话题，让人觉得莫名其妙。这说明此类型的人有着极强的支配欲和自我表现意识，在他的意识中，很少把别人放在眼里，而完全摆出我行我素的模样，让别人都去听从他的主张，以他的意见为主导。

一般来说，一个企业的领导，都会有滔滔不绝谈话的习惯，其实，透

第五章 说话听声——一瞬间参透话外之音

过这种表面的现象，可以看出他担心大权旁落的心理状态。也可以说，他是一个喜欢占据优势地位的人。

话题的内容不断变化固然是个好现象，但谈得离谱，一切显得毫无头绪的样子，那就会使听众感到索然无味。假如他是个普通人，总谈些没有头绪的话题，或者不断改变话题，东拉西扯，那就表示他的思想不集中，给别人留下支离破碎的印象。这说明他是个缺乏理性思考的人。

一个优秀的谈话者，是很少谈及自己的事情的，而是将他人引出来的话题整理、分析，不断地从对方身上吸取有用的情报或观点。在一般情况下，有的人将全部注意力放在倾听别人的谈话上，从性格上来看，这一类型的人容易理解别人的心思，而且具有宽容的精神，有真正的君子风度。

常常使用与英文连接词"and"意义相当的词如"嗯……还有……""这些……""那些……"的人，表示他的话不能有条理地进行，思绪无条理，思考无头绪。但即使使用同样的连接词，经常用的与"but"意义相当的"但是……""不过……"的人，一般可以认为其思考力较强。当他们在讲话的时候，脑子里还会浮现相对语以求过滤求证。所谓的能言善辩、头脑敏锐的人，就是指此类人。但是假如此种语调反复出现多次，其理论也随之翻来覆去，迫使对方紧随不舍，在不知不觉中被别人牵着鼻子走，失去了招架之力。

经常使用这种表现手法的人，大多数比较慎重，也正是这个原因，说话时难免会出现时断时续的情况，只好在重新整合之后，才可以继续说下去，这是一种缺乏自信心的表现。

宋代文学家苏东坡，他极具有语言的天赋，雄辩无碍的他，却十分注重别人的谈话。有时和朋友在一块聚会，他总是能静下心来，听朋友们高谈阔论。在一次聚会中，米芾问苏东坡："别人都说我癫狂，你是怎么看的？"苏东坡诙谐地一笑："我随大流。"众友为之大笑。即使是朋友之间不同的观点，他也以"姑妄言之，且姑妄听之"的态度来对待。

从客套话中看清对方的真心

在人际关系中，最容易被破译密码的语言就是客套话。客套话的存在，是社会发展的必然结果。但要恰到好处地使用客套话，如果过分牵强而显得不自然的人，说明此人别有用意。随意的语言则是客套话的反面，一些人会对自己心仪之人，必然冒出随意的言语，用来表示双方的关系非同一般，给人以亲密感的误会。

在没有任何隔阂的人际关系中，并不需要使用客套话。不过，在这种亲密的人际关系里，突如其来地夹入几句客套话的时候，就必须格外小心。有时候，男女朋友之某一方，使用不同于寻常的客套话时，心中很有可能有别的想法。

某些都市的人，对他乡人说话很客气，从另外的一个角度看，是一种强烈的排他性表现。因此，往往无法与人熟悉，只是给人以冷淡的印象。

客套话使用过多，不见得是完全表示尊敬，往往也可能含有很多轻蔑与妒忌因素。同时，在无意中会将他人与自己隔离，具有防范自己不被侵犯的预防功能。

如果张口闭口都爱抬出一大堆晦涩难懂的词语，就会让人有一种走错庙门的感觉。实际上，他仅仅是一个用语言当作防卫自身弱点的人，他之所以这样做，无非是加强说话的分量，同时也表示自己的见多识广，来抬高自己的身份或扩大自身的影响。

宋代有个性情散漫之人叫王子韶，他的口才很好，在他任县令的时候，还不是什么知名的人物。有一天，他进谒一位显贵，当他到达之时，那名显贵和其他客人在探讨《孟子》，就没有把位卑入微的王子韶放在眼里，只顾谈兴而没有正视王子韶的存在。待了很久，那位显贵突然停下话来对王子韶说："你读过《孟子》吗？"王子韶回答说："那是我生平最喜欢的一本书，只是我全然读不懂其中的意思。"显贵便问："哪一句读不懂呢？"王子韶说："'孟子见梁惠王'，只是第一句已是不懂了。"显贵十分的惊讶："这句有什么难懂的地方呢？"王子韶趁机说："孟子既然说'不见诸侯'，为什么又去见梁惠王呢？"王子韶之所以说这句话是因为孟子还说过，"虽不见诸侯"，但"迎之以有礼，则就之"。王子韶引此讥主人无礼。显贵见名不见经传的王子韶有如此机智，遂重之。

由此可见，喜欢借用名人的语句或典故，可以凸显自己标新的立异。

口头禅背后的内心世界

一般来说，从一个人的口头语言就可以非常快速地了解他。因为口头语言是说话习惯的一部分，它是我们每个人在日常生活当中不知不觉就形成的一种特有的话语风格。从另一个角度来看，人们都会在不自觉的情况下使用自己的口头语言。

很多人说话时常常在无意之中高频度地使用某些词语，形成了人们所谓的"口头禅"，而这些语言习惯最能体现说话人的真实心理和个性特点。因此，只要留心，就可以从一个人的"口头禅"中窥见一个人的内心世界。

喜欢运用流行词汇的人，则热衷于随大溜，比较夸张。这样的人独立意识不强，而且没有自己的主见，容易随波逐流。

喜欢运用外来语言和外语的人，爱卖弄和夸耀自己，虚荣心非常强。

喜欢使用方言，并且还底气十足、理直气壮的人，自信心很强，富有独特的个性。

喜欢使用"这个""那个""啊"等词语的人说话办事都比较谨慎小心。这样的人就是我们所说的"好好先生"，他们对人对事都非常温和，绝不会随意生气。

喜欢使用"最后怎么样怎么样"之类词汇的人，大多潜在欲望没有得到满足。

喜欢使用"确实如此"的人，多浅薄无知，自己却浑然不知，还常常自以为是。经常使用"我"之类词汇的人，不是代表着软弱无能、总想求助于别人，就是虚荣浮夸，寻找各种机会表现自己，希望自身能够引人注目。

喜欢运用"其实"的人，表现欲较为强烈，希望能引起他人的注意。他们的性格大多任性倔强，而且自负。

喜欢使用"真的"之类强调词汇的人，大多缺乏自信，害怕自己所说的话无人相信。遗憾的是，他们这样再三强调，反而会更加引起别人的疑心。

喜欢使用"你必须""你应该"等命令式词语的人，多专制、固执、骄横，有强烈的领导欲望，并且永不满足。

喜欢使用"我个人的想法是……""您看是不是……""您看能不能……"一类词汇的人，一般较和蔼亲切，待人接物时，也能做到客观理智，冷静地思考，认真地分析，然后做出正确的判断和决定。他们不会独断专行，能够给予别人足够的尊重，同样也会得到别人的尊重和爱戴。

喜欢使用"我要""我想""我不知道"的人，大多思想单纯，爱意气用事，情绪不是十分稳定，会让人琢磨不定。

喜欢使用"绝对"这个词语的人，做事十分草率，容易主观臆断，他们不是太缺乏自知之明，就是自我意识太强烈了，让别人很难接近。这种喜欢说"绝对"的人，大多有一种自爱的倾向，有时他们的"绝对"被人驳倒之后，为了隐瞒自己内心的不安，总要找一些理由来加以解释，总想让自己的东西被人接受。其实，别人不相信他们的绝对，他们自己也不相信这样的"绝对"，只不过是为了维护自己的所谓尊严而强撑着。

而另外一些口头语出现频率极高的人，大多做事情犹豫不决，意志软弱。那些说话时没有口头语，这并不代表他们从未有过，可能以前有，但后来逐渐地改掉了，这表现出一个人意志坚强，说话非常简洁明了。

如果想要从口头语言上更多地了解一个人，从而非常自如地驾驭你的对手，那么你就要在与对手打交道的过程中多花费点心思，仔细认真地揣摩，时时刻刻地回味分析。用不了多长时间，你就能迅速地从口头语言上了解你的对手。

言语偏颇者性格有缺陷

善于观察的人能从偏颇的语言中知道对方性格的片面之处,就像一位古人所说:放荡的言辞我知道它沉溺在何处,不正当的话我知道它背离在何处,躲躲闪闪的话我知道它理屈在何处。

声音是交往的最重要的手段之一,正如姿态一样,声音也向别人表现着自己。如果要仔细琢磨一个人,你可以用录音的方式,把自己的话录下来,然后进行下列检查:

你是否说得太快?如果是,可能会给听众一种神经质的印象;你是否讲得太慢?如果是,可能会给听众一种你对自己所讲的缺乏把握的印象;你是否含糊其辞?这是一种缺乏安全感的明确标志;你是否用一种牢骚的语调说话?这是一种自我放任和不成熟的标志;你的声音太高而刺耳吗?这是神经质的又一种标志;你用一种专横的方式说话吗?这意味着你是固执己见的;你用一种做作的方式说话吗?这是一种害羞的标志;要知道,健康人最有效的声音,是诚挚自然的,饱含着信心与精力,还隐含着一种轻松的微笑。

偏颇的言辞常在忘乎所以时出现,例如双方都高兴,势必会说出好多夸大了好处的话;双方都愤怒,势必就会说出许多夸大了坏处的话。凡是夸张的话都好像是说谎,正因为如此人们都会不大相信,而传达这种不大令人相信的话的人往往要遭到祸殃。这说明在人们交往中由于喜怒情绪的不同往往使语言不能真实地反映事实，传话时就要剔除那些出于两喜两怒的言语，尽量传达他们的真实内容。

洞察口蜜腹剑之人

  人们之所以受到接近自己的人的伤害，重要一点就是不善于识人，错把小人当君子，误把骗子当朋友。在现实生活中，尽管那些居心叵测的人善于伪装自己，但由于其本身之意在于存心害人，所以不论他伪装得多么巧妙，总会露出马脚。可以通过他的言谈举止及处理问题的具体方式诸方面来观察他的人品。当发现你身边的人十分虚伪、奸诈，那么你必须采取适当的防范措施。在一般情况下，只要你经常注意通过多方面洞察与你接近的人，就会发现许多你在平时所不易觉察到的东西，会很清楚地了解到你身边的人对你的真实态度，而不至于在危险即将来临时全然不知，甚至还把加害你的人作为亲密的朋友对待。

  细心洞察最接近你的人，你会成功地避免许多你意想不到的损失。而错误的识人终究会带来不良的恶果。

  我国古代的两大名相管仲和王安石就曾为我们做出过表率。管仲辅佐齐桓公时，齐桓公曾向他介绍身边最为忠诚的三个臣子：一个为了侍候帝王自阉为太监，一个尾随君主十五年不曾回家探亲，而第三个更为厉害，为了给皇上滋补身体竟把自己的儿子杀了做羹。管仲听说，就劝齐桓公把这三个小人赶出朝廷，理由是他们虽貌似忠诚，却违背了正常人的感情，可见居心不良。另一位名相王安石在变法期间屡受非议，有一个叫李师中的小人乘机写了篇长长的《巷议》，说街头巷尾都在说新法好，宰相好，为王安石变法提供雪中送炭般的舆论支持。但王安石一眼就看出了《巷议》中的伪诈成分，于是开始提防这个姓李的小人。

　　生活中往往有两面三刀者，就是采取各种欺骗方法，迷惑对方，使其落入陷阱，达到自己的企图。唐玄宗时的宰相李林甫，他陷害人时并不是一脸凶相，咄咄逼人，而是吹捧。李林甫"口有蜜，腹有剑"。在当代，也不乏口蜜腹剑的阴谋家。他们就在我们的周围，有时，他们看到你直上青云就会逢迎拍马专拣好听的话讲；有时，他们看到你事事顺心、进展神速而在背后造谣生事向上层人物进谗言，陷你于不利；有时欺骗、谎言、圈套从他们头脑中酝酿成"捆粗绳"套在你身上，使你翻身落马；有时，他们看到你堕入困境则幸灾乐祸趁火打劫，所有的这一切，我们岂能不妨呢？

透析喋喋不休之人

　　无法和对方面对面的电话会话，是颇令人感到为难的苦差事。说不定正在洗澡时电话来了，又得表示歉意："对不起，我光着身子接电话"，又得再三地点头称是，很多人在无意识之中就会有这样的动作出现。相反的，也有人两脚跷在桌子上，边挖鼻孔，边大打谢罪电话，这样的人也似乎不少。

在电话中倾听对方说话，能获得对方好感的人却是那废话连篇的人。例如碰到不是对方本人所接的电话时：

"哦，是伯母啊，我是小张！好久没有去拜访您了，近来很好吧……"

像这样不忘奉承对方几句，而且还颇能了解对方处境般地亲切与对方交谈的人，无论男性或女性，都能够亲切、和蔼地照顾他人，解决他人的难题。

与他人交接时，绝不会大声说话，永远都是一副孜孜不倦的神态，这类人是安静而沉着的人，但绝不是一本正经的人，三杯黄汤下肚后，谈笑悦人的意外本领相当不错。他们会发挥乐天的本性，达到使他人欢笑，而自己也自得其乐的境界。

他们在酒宴中会大肆批评他人这个不是，那个不妥，而只是想纠正他人的不正或不当，绝不是强迫他人接受自己的观念。他们经常会站在他人的立场为他人设想，有其温馨的一面。虽然常数说他人的不当，但绝不会惹起他人的反感，永远被周围的人所爱戴。事实上，这种人在人世间可说相当少见。

欠缺行动力，和对女人的感受力薄弱，是这种人的缺点。

要是你的男朋友是这种人的话，无法期望他能有多大的成就，不过，至少你们两人可度过美满而和气的一生吧！

解读常把"我"挂嘴边的人

与人交谈时,常可听到有的人开口闭口都是"我……""我的……"这种话听来着实刺耳,但偏偏这种情形却屡见不鲜。

要特别指出,"年纪大的成人也会说这类的话",因为这种话事实上应是在幼儿学会说"妈妈"的同时,就已经学会的语言。而发生在成人身上时,便表示这种人不会考虑对方的立场,一心只希望显示自己的存在,才会开口闭口话题都围绕着"我"打转。

说这些话的人既已是成人,为什么仍使用这类语言?这可以追溯到婴幼儿时期。幼儿在哺乳时期,与母亲之间会有一种身心合而为一的安全感,到了断奶时期,这种感觉就会受到威胁。断奶时期的幼儿,为了免于这种受到威胁的不安,会想办法寻回以前的安全感,正好这个阶段是他们开始学习语言的时期,所以他们第一句会说的话,大概都是"妈妈",因为呼唤母亲,正表示其需要安全感。

此外,孩子们学会"我"这一类的语言,是为了向母亲提醒他的存在,想从母亲那儿寻回以前的安全感。而这一段时期的孩子们,如果没有母亲的悉心照顾,便无法生存,所以可以说与母亲有密切的依存关系。小孩在成长过程中,为获得安全感也频频使用"我";但在成人的世界中,惯用这种词汇的人,就表示想向对方夸耀自己的成就,同时以为用这种话，较易让对方确认自己的存在。

换句话说，在你面前的这个人，正在期望从你那儿得到一句赞扬，只要你说句"嗯！不错"、"原来如此"，就可以满足对方的期望，对方的存在只要被认同，就能够心满意足。

因此，如果我们要与这种人保持良好的人际关系，就绝不要忽视对方，甚至露出厌烦的表情，因为一旦对其表示不耐烦，对他来说无疑是极大的打击。

通常成人后仍对自己的存在没有自信的人，由于无法与环境保持协调，所以多半有与周围环境对立的倾向，以便确认自己。但相反的，能确认自己存在的成熟之人，就能够适应环境，也就不会经常强调"我"这个字眼。

经常把"我"挂在嘴边的人，并不代表他们对别人采取强迫的态度，只是由于尚停留于幼稚阶段，为了强调自己，所以我们不能忽略他们的存在。

破译喜欢谈论妻子的男人

欧美人一般都会在他人面前赞赏自己的太太，但中国人却相反，喜欢数落太太的不是，因此过去中国人称自己的妻子为"贱内"。这种情形在年轻一辈中已很少见。

大部分的人只是故意指出太太的缺点，以这种表现来维持与他人之间的人际关系，所以听者完全不会相信这类贬低之词。

但有的人却真会告诉别人自己太太的缺点，尽管听话的人并不期待当事者说其太太的坏话，这位丈夫却刻意提及，不论对方是否问起，也要特别加以批评。批评的内容包括太太的为人，身体上的缺陷，乃至烹饪、洗衣、养儿育女等，无所不谈。本来人就不可能十全十美，所以"欲加之罪，何患无辞"，当然谈论的题材也就源源不断了。

通常会数落太太不是的人，多由于以下两种理由：

其一是他在家中与太太相处不融洽，对太太的不满累积于心，只好借着批评来解除心中的烦闷。这种类型的人，并不会考虑听者的反应。

另一种人对自己妻子要求太多，至于他们为什么对老婆要求这么多，原因之一是因为以前曾获得过完全满足及安全感的经验。其二则正与此相反，他们以前强烈要求的安全感从未满足过，所以才想由妻子身上得到补偿。

这些人忽略了太太也是人，而且是一个成熟的人，对已成年的人有所要求，当然无法达到目的。夫妻双方都各有优缺点，而结婚本就是互补所短，以促进彼此的成长。但有的人却无心努力，再加上心中不满，所以互相指责。

另一方面，说坏话的对象，也有选择女下属或女朋友等，这情形又与前述不同。

这种人大约都只是轻描淡写地谈太太的不是，一旦对这番话特别关心的女人听了之后，就会妄下断言，认定其夫妻关系不和，而与其关系更加密切，往往造成不可收拾的局面。

再者，漫不经心地谈自己老婆不是的人，是一个很懂女性心理的男人，其目的就是要笼络这些女人以填补自己太太的缺陷，他们也企图寻求短暂的满足。但事实上，若这种男人真的家中纠纷频仍，恐怕也没有时间在外拈花惹草。所以不可听信他的片面之词，而应明确地掌握他的心。

从吵架分析一个人的本质

生活中，我们经常会被别人的吵架所吸引。看那架势，双方剑拔弩张，唾沫星子四溅，恨不得把对方碎尸万段，不仅口头上表现激烈，身体语言也颇为丰富。但是听了半天，我们也没有听明白双方到底是为什么吵架，而当事人似乎也只是想争个高下，关于吵架的内容倒不是最重要的了。实际上，吵架调动了当事人全身的动作，从这些看似好笑的动作中，我们能够看出他们性格上的一些特质。

1. 言辞攻击

吵架时喜欢言辞攻击的人非常容易动怒。可能一开始，他只是针对某一件事而吵，可是很快便扩大到对其他事情的言辞攻击上，他会数落对方的每一件错事，甚至攻击对方的家人。

这种人有想成功的干劲和必胜的决心，若用在工作和事业上会很有帮助，但用在亲密关系上，将会造成很大的负面效果。这是因为他在争执时口不择言，往往会因小失大，得罪更多的人。

2. 无所谓

这种人心态良好，对烦心的事能够视若无睹。他可以保持高枕无忧、轻松自在的状态，但事实上，他只做自己有把握和能够控制的事，对于力所不能及的事情，他相信时间可以帮助解决。这种人不会破口大骂，但不代表他不生气，要是把他惹火了，他可能就直接上去打人了。所以，这种人的厉害是内在的，而不是表面的。

3. 让人同情

这种人比较有心计，他喜欢有人介入这场争吵，善于在吵架的时候引起别人的同情和关心，好让众人站在他这边。即使他错了，他也有办法博得大众的同情和支持，把自己扮演成为受伤的一方。这种人做事不光明磊落，爱耍小聪明，喜欢算计别人。碰到这种人，最好不要硬来，尽量避免和他正面冲突。

4. 理智处理

他是一个理性大于感性的人，能够讲道理，认为吵架这种激烈的反应不过徒然制造双方的分裂。他可能心里很生气，但是他尽力克制自己，无论在任何情况下，他都不让自己流于情绪化的表达方式。和这种人吵架没什么意思，因为他的理智会让你觉得你一开始就败了。这样的人个性强烈，能够通过理性地讲道理去说服他人。

5. 身体攻击

这种人实际比较暴躁，只要他察觉无法再用言语与别人沟通时，他就会气急败坏，选择直接的正面攻击。他天生容易冲动，只要有事情刺激他，他就会失去理智，不顾后果。比如他会踢自己的车、咒骂路上的行人。这种人喜欢推卸责任，他会因自己的错误而责怪他人，甚至认为自己的举动全是被迫的，是不得已而为之的。

6. 愤怒摔东西

这种人其实比较幼稚，他以为靠恐吓就能使自己看起来强大，就能赢得胜利。若这种人靠语言吵不过对方，就选择使用暴力，只要摔破几个盘子或用手在墙上捶几下，他就觉得好过些。他觉得自己很勇敢很厉害，凭借暴力能够在争执中获得自尊和自信，实际上这只能透露出他本身的软弱。

7. 翻旧账

这种人一般心胸狭窄，得理不饶人，喜欢小题大做。明明是一件很小的事情，他却把所有相关的与不相关的事情全部重提一番。这种人记忆力很强，如果能把这种能力用在其他方面，能取得不小的成绩。跟这种人交往，要注意尽量少让他抓住把柄，不然和他吵架的时候，他会把你的一切全都讲出来。

8. 电话对阵

这种人可能不善于交际，不喜欢在大庭广众之下表现自己，就连吵架也要仅涉及吵架双方，这样的话他就会选择电话对阵。电话沟通比起面对面冲突，不但让他更能够借声音来发泄心中的怒气，还可以将这场争吵的影响降到最低，不至于尽人皆知。采用这种方式，他可以随时挂断再打，或等对方再打给他。这种人比较注意自己的隐私，同时也对自己没有信心。

9. 留纸条或写信

有一种人吵架会采取书面的形式，古代文人之间吵架多采取这种方式。他觉得把想说的话写下来更有条理性，而且这样做双方都会比较理智，不仅自己能控制本身的情绪，也更有把握让别人会听进去自己要说的话。这种人不喜欢直接对质，他觉得那样不太礼貌。这种人一般有着清晰的头脑，自信心也较高。

10. 我的律师会和你联系

这种人注重效率，不想把自己的时间浪费在无聊的争吵上。而且他觉得要赢得胜利，光靠自己的能力单打独斗是行不通的，必须靠他人的协助，而那些人也的确能够帮助他。他不喜欢输，因此会寻求专业协助，而法律行动是他可以想到的最有效的办法。

11. 最后通牒

这种人看似很坚决，实际上对自己做出的决定很没有信心，但是当时的状况让他不得不这样做。他以为下最后通牒会让事情有转机，让自己占得上风。实际上，很少有人会理睬他的这种警告。这种人内心很虚弱，要想打败他，就必须步步紧逼，让他主动下最后通牒。这个时候，他实际就已经输了。

12. 沉默

这种人比较消极，不喜欢和别人争辩，即使明明是对方的错，他也会选择忍气吞声。他很少惹是生非，希望维持现状，不愿和他人针锋相对。在人际关系方面，他是个悲观主义者，只会消极地应对，而不会主动去争取。这种人在工作和事业上，可能会埋头苦干，但是因为他不主动争取自己的利益，最终也不会获得很大的成绩。

第六章 "微"观偏好
——隐藏在习惯中的心灵地图

　　一个人的习惯是后天形成的，有什么样的习惯就会有什么样的性格；兴趣爱好则是一个人内心的自然流露，是不带任何掩饰的。这是一个人最真实的状态，是一个人内心的最佳表现方式，只要我们留意观察，看看他日常有哪些习惯，都爱好些什么，我们就能拨云见日，识得他的庐山真面目。

不同的嗜好体现人的性格

嗜好是一个人的兴趣所在,它不同于一般的工作和学习。因为工作和学习在很多时候都是具有一定的目的性的,是在现实状况下不得不去做的事情;而嗜好则完全发自自己的内心,就是喜欢而已,没有什么功利在里面,自己做这件事可能没有任何回报,但同样是开开心心的。所以说,一个人的嗜好最能反映一个人的性格,这是人性格的自然流露。

有些人喜欢搜集钱币,这类人的性格相对来说是比较保守和传统的,不太敢于冒风险,对于新鲜的事物不太敏感,接受能力比较差。他们大多具有很强烈的责任心,做事善始善终,比较追求完美,从来不会半途而废,不管会遇到多大的困难,他们都会要求任何事情都要有结果。

有些人喜欢搜集一些奇特的小东西,如啤酒瓶子,或者香烟盒等。这类人大多进取心比较强烈,大多数时候他们都显得相当忙碌,好像总有许多做不完的事情。他们有着浓厚的怀旧情结,对过去的人和事都比较留恋。他们懂得节制,不会过分地放纵自己,而且很懂得节俭,没有多强的欲望,大体上能够满足现状。但是他们也有一定的自信心,会主动承担一些责任。

喜欢园艺的人,大多是循规蹈矩的人,他们凡事都追求一个循序渐进的过程,然后让其自然而然,水到渠成。他们相信付出就有回报,因此能够踏踏实实地工作,认认真真地付出。另外,这种人的责任感也比较强

第六章 "微"观偏好——隐藏在习惯中的心灵地图

烈,对自己的错误从来不掩饰,能够主动对自己犯下的错误承担责任。

喜欢美食烹饪的人大多不甘于平庸和寂寞,他们喜欢多姿多彩的生活,总是要想方设法地使自己的生活中多些激情和色彩。他们有着很高的目标和理想,而且能够付诸行动,积极努力地去争取。他们的创造力和想象力也很强,善于创新,并且总会给亲人和朋友制造一些意外的小惊喜。这种人生活态度健康,属于积极向上的一类人。

许多人喜欢下棋或玩纸牌,他们可能在身体上不那么强壮,但在智力上,他们要比一般人高。他们常把自己的聪明才智发挥得淋漓尽致,从而把对手逼得走投无路,这种过程让他们获得了很大的满足。由于经常玩这种游戏,这种人的逻辑思维和分析思考能力都是相当强的。他们做事情非常专注,常常能够以比其他人相对更集中的精力投入到某件事情当中。

喜欢乐器的人,大多是感性大于理性的人,他们非常敏感,总是能够在不经意间捕捉到一些灵感,而这种感觉是独特的,一般人不能体会其中的快乐。但好似他们的性格相对比较脆弱,有的简直是不堪一击。他们敏感的心其实很希望得到别人的关心和爱护,但这种人一般却不懂得如何去关心和爱护他人。

喜欢抽象画的人,有着比较强的表现欲,他们希望能够有更多的人注意到自己。另外,他们并不是十分在乎他人对自己的看法,而喜欢我行我素,自我意识比较浓。做事时,他们往往只为自己着想,而很少考虑其他人的意见和感觉。这种人在社交场合比较另类,由于其在为人处世上过于自我,一般不会受大众的欢迎。

喜欢阅读的人,大多是比较喜欢思考的人,这类人有很强的创造力和想象力,他们兴趣广泛,对生活充满热情。在工作上,这种人积极进取,能够不断取得成就,扩展自己的领域。但是,这种人有时候可能过于沉溺于思考，而忽视和周围的人交流，不知不觉中会缩小自己的交友圈。

喜欢写作的人，大多思想另类，凡事喜欢究根问底，喜欢观察周围的一切。但是这种人一般性格较为悲观，他们往往夸大生活中的某一个方面，属于比较愤世嫉俗的人。但是这种人逻辑性很强，做事情很有计划性，也很有条理，凡事都有自己独特的见解和想法。

喜爱集邮的人，大多善于自我调节情绪。在发生一件事情，使他们的心情很不平静的时候，他们总是能够进行自我开导，而将之先放在一旁，然后等平复以后再去处理。但是他们过于重视自己的外在形象，很多时候不知道怎样拒绝别人，所以会无端地增加许多烦恼。

喜欢旅行的人，多属于外向性格的人，他们的好奇心往往很强烈，而且好动，他们需要一些富于变化、带有刺激性的东西来满足自己。由于喜欢到处转，他们通常会有比较好的人际关系，而且由于经常旅游，见识的事物比较多，增长了他们的阅历和知识，在交际场合，这类人的谈吐和见识一般让人刮目相看。

喜欢钓鱼的人，是一种重视过程甚于结果的人。他们在做的过程中，能够体会到很多的快乐，并且能够实现自我价值，对于结果的成败，他们一般不是那么在乎。他们信奉的人生信条就是努力做了就无愧于心。平日里他们看起来显得比较散漫，可一旦有事情发生，他们往往能够以最快的速度调整自己，积极地投入其中，这种人往往有很强的耐性。

喜欢表演的人，一般有着相当细腻的情感，他们希望能够尝试不同的角色，体验各种各样的生活。除此外，他们的想象力还应该特别的丰富，这样他们才能把不同的角色揣摩到位，表演得惟妙惟肖。但是这一类型的人，他们有些富于幻想而不切合实际，经常沉溺在幻想的世界中难以自拔。

喜欢木工制品的人，一般动手能力都是比较强的，他们凡事都希望能够自己解决，而不依赖别人。这种人的自尊心比较强，依赖别人会使他们的自尊心受到伤害。他们的自信心较强，坚信自己能成功。另外，他们对于新事物的接受能力比较快，敢于冒险，喜欢接触新奇的事物。

从阅读偏好看性格

报纸是一种信息载体，可以满足我们很多需要，使我们既可以了解身边的新闻，也可以综观世界风云，所以报纸成为人类生活必不可少的重要内容之一。报刊书籍是人类最伟大的朋友，无时无刻不在更新着人类的思想，传递着人类的文明。由于种种原因，每个人都养成了不同的阅读偏好，因其不具有任何强制性，因此，从中我们可以窥视出一个人的内心世界。具体分析如下：

为了打发时间、寻找乐趣而阅读的人忠厚老实，他们得到报纸后随手一扔，等感觉到烦闷和无聊的时候才拿出来看。这类人一般比较内向、孤独，办事拖泥带水，情绪不稳，没有魄力，自视清高，人际关系差，但有很强的想象能力，不钻牛角尖，忠厚老实。

浏览报纸内容迅速的人富有活力，信心百倍，外向，喜欢热闹，不善隐瞒，不迟钝呆板，不排斥新事物，办事周到积极，随遇而安，有时喜欢张扬，听不进他人劝诫。只要一拿到报纸后，必先将报纸各版的内容了解清楚，哪怕时间紧迫，也置之不理，随后就会忘记放在什么地方。

抽时间细心阅读报纸的人做事比较认真负责，买来报纸之后，并不急于阅读，而是放在一旁，用最快的速度将手头上的工作做完、做好，等到没有其他的人或事分心时，再静下心来阅读，并将其重要的内容裁剪下来保存好。他们较为内向，不善言辞，讲究实际，自找乐趣，认真负责，自控能力强，能够独当一面，对交际应酬不感兴趣，对他人也显得热情不足。

仅阅读自身喜欢内容的人幽默自信，拿到报纸后会用最快的速度将大概内容了解清楚，选择自己感兴趣的内容，有时为了满足好奇心抢夺熟人的报纸；当发现没有自己喜欢的内容之后会把报纸搁置在一旁，偶尔抓过来作为他用。他们大多活泼外向，喜欢热闹，幽默自信，广交朋友，对很多东西都感好奇有领导才能，但做事往往不能精益求精，有时敷衍了事，好捅娄子。

喜欢阅读时装杂志的人很难做成大事，出手大方，追求时尚，以掌握最新富人服装信息与流行趋势为乐事，以显示自己在此领域内的能力和水平；由于他们把时间和精力都花费在了外表上，忽略了内在修养，所以很少能成就什么大事业。

喜欢阅读财经杂志的人争强好胜，不甘寂寞，不喜欢安于现状，而且有知难而进的勇气，不愿屈从，最喜欢超越别人；渴望荣誉，崇尚权威，努力寻找发达的时机，为自己的人生谱写出光辉灿烂的一笔。

喜欢阅读武侠小说的人追求浪漫，富有幻想，感情丰富，心底深处有某种压抑很深的英雄情结，总是希望自己能出人头地；感情有时过于细腻，反而不讨女性的喜爱；个别人性格倔强，偏执，但不影响其引人注意的特性。

喜欢阅读言情小说的人十分注重感情，能够随着故事情节的发展而同小说人物一起悲欢。他们对事物有很强的洞察能力，自信和豁达；吃一堑、长一智，很快会恢复元气，有成就事业的可能，这样的人以女性居多。

喜欢阅读侦探小说的人喜欢挑战思想上的困难，知难而进，富有幻想

第六章 "微"观偏好——隐藏在习惯中的心灵地图

和创造，想象力也比较丰富；善于解决难题，面对困难能够从不同的角度进行分析，尝试解决，喜欢挑战别人不敢做的难事。

喜欢阅读恐怖小说的人不善思考，简单的生活让他们感到很乏味，渴望用刺激或冒险激活自己的脑细胞。他们有懒惰的性格，因此，很难从周围获取乐趣和欢愉，同时对身边的人不感兴趣，所以不太合群，独处一隅的时间比较多。

喜欢阅读科幻小说的人富有幻想力和创造力，想象力非常丰富，往往被科学技术所迷惑或吸引，喜欢为将来拟定计划，但不讲求实际，缺乏持之以恒精神；总是为他人喝彩，很少打造自己的辉煌，常常在幻想当中过日子。

喜欢阅读通俗读物的人喜欢看街头小报、期刊。他们直爽可爱，热情善良，善于使用巧妙而又幽默的话语活跃气氛。他们有着十分强的收集和创造能力，趣味性的话题总是张口就来，他们常常是大众眼中的"开心果"。

喜欢阅读漫画书的人一般都喜欢游戏，单纯幼稚，童心未泯，性格开朗，容易接近；喜欢自由自在，无拘无束，不想把生活看得太复杂；对别人不加防备，往往在吃亏上当后才发觉自己是那么的幼稚，能够吃一堑、长一智。

喜欢阅读历史书籍的人讲求实际，创造力丰富，不喜欢胡扯闲谈，把时间都用在有建设性的工作上面，讨厌无意义的社交活动。古为今用，他们能够从历史事件当中汲取对自己人生有意义的东西；具有很强的分辨能力，深受周围人的赞赏。

喜欢看传记的人具有强烈的好奇心，谨慎小心，野心勃勃。他们善于统筹全局，衡量利弊得失，不打没有把握的仗，条件不成熟绝不会越雷池一步。

从音乐偏好看人性

音乐是全人类共通的语言之一，不用去学习，我们都能自如地听得懂它。生活中到处都能听到音乐，没有音乐的生活会显得特别枯燥和无味。或许每一个人都曾有过在特定心情的时候曾被某一首音乐作品感动得泪流满面过。因为音乐是一种纯感觉性的东西，而从人们听音乐的时候喜欢听哪一类型的，就表明他在这一方面的感觉比较好，而这种感觉很多时候又是这个人心理的真实反映。

喜欢流行音乐的人，简单是流行音乐的主旨，这并不是说喜欢流行音乐的人都很简单，但至少他们在追求一种相对简单和自由自在的生活方式，而让自己轻松快乐一些。

喜欢摇滚乐的人，多是对社会不满，有些愤世嫉俗，他们需要依靠着以摇滚的形式来发泄自己心中的诸多情绪。他们会时常感到迷茫和不安，需要有一个人领导着逐渐地找回已经丧失或是正在丧失的自我。他们很喜欢与一些志同道合的人交往，他们害怕孤单和寂寞。

喜欢听古典音乐的人，一般是理性成分占多数的人，他们在很多时候要比一般人懂得如何进行自我反省、自我积累，从而留下对自己非常重要的东西，将那些可有可无的，甚至是一些糟粕的东西抛弃。这样的人大多很孤独，很少有人能够真正地走入他们的内心深处去了解和认识他们，所

第六章 "微"观偏好——隐藏在习惯中的心灵地图

以音乐在一定程度上成了他们的伙伴。

喜欢乡村音乐的人，多是十分敏感的人。他们对一些问题常会表现出过分的关心，为人多较圆滑、世故、老练、沉稳，轻易不会动怒。他们的性格一般比较温和、亲切，攻击性欲望并不强，比较喜欢一种稳定和富足的生活。

喜欢爵士音乐的人，其性格中感性化的成分往往要多于理性，他们做事很多时候都只是从自己的感觉出发，而忽略了客观的实际。他们喜欢自由、无拘无束的生活，希望能够摆脱控制自己的一切。他们对生活往往是追求其丰富多彩，而讨厌一成不变的东西。他们的生活多是由很多不同的方面组成的，而这些方面又总是彼此互相矛盾着，从而给他们在表面笼罩上了一层神秘的面纱，使他们在人前永远是魅力十足的。

喜欢歌剧的人，其性格中有很多比较传统、保守的成分，他们多是比较情绪化的人，但在大多数时候懂得控制自己的情绪，不会随便地发作。他们做事比较认真和负责，对自己很苛刻，总是要求表现出最好的一面，而努力做到尽善尽美。

喜欢情境音乐的人，情境音乐听起来清脆悦耳，可以让人产生愉快的心情。喜欢情境音乐的人，其大多都是比较内向的，他们渴望平静和安宁，而不受到其他人或事的干扰。

喜欢背景音乐的人，想象力是非常丰富的，而他们的生活态度却有点脱离现实而沉于幻想，这就使他们有许多必然的失望。不过还好，他们比较善于自我调节，能够重新面对生活，只不过幻想并没有减少。他们的感觉是相当灵敏的，往往能够在不经意间捕捉到许多东西。他们乐于与人交往，哪怕是不相熟悉的人。

喜欢颓废音乐的人，大多数具有自卑感，他们的性格从某种程度上来说是比较矛盾的。他们讨厌一个人的孤独和寂寞，渴望与人交往，但他们又很难与人建立起相对良好的交往关系。在这种情况下，他们会产生一种很反叛的心理，颓废音乐正好使这种心理得到了满足。喜欢颓废音乐的人多崇尚暴力，有自我毁灭的倾向。

从舞蹈偏好看个性

跳舞是人类通过肢体语言进行沟通的方式，它超越了所有的文化，是社会化过程中相当重要的一环。舞蹈就像语言一样，不断演进，同时反映出社会的价值和历史的变迁。一个人跳舞的方式和喜爱的舞蹈，比说话更能透露出一个人的心理特征，这好比人可以用嘴撒一个谎，但是用跳舞来撒谎却是难上加难。

喜欢跳踢踏舞的人，一般精力比较充沛，表现欲望强烈，希望能够引起他人的注意。在遭遇挫折和磨难时，他们能够坚持下来，从而渡过难关。他们的时间观念相对较强，时间对他们而言是相当宝贵的，不会轻易地浪费。并且他们的应变能力比较突出，在面对任何一件比较棘手的事情时，都能够保持沉着冷静，认真地思考应对的策略，懂得怎样进退，以保全自己。

喜欢跳摇滚舞的人，大多数是一些年轻人，毕竟这是一种需要耗费大量体力的舞蹈，人一旦上了年纪，即使是喜欢，也有可能跳不了。无论是喜欢跳的还是只能喜欢而无法跳的，大多是充满了反叛思想行为的人。摇滚常常更容易使人发泄自己心中的任何不满情绪。喜爱跳摇滚舞的人，思

第六章 "微"观偏好——隐藏在习惯中的心灵地图

想多是比较先进、前卫的，但这些先进、前卫的思想往往又很难被人接受理解，更不要说认可，因此说他们又是相当孤独的一群人。

　　喜爱跳芭蕾舞的人，一般大多数都具有很强的耐心，能够以最大限度的忍耐性把一件事情完成。同时，他们也很遵守纪律，具有一定的组织性，他们有一定的理想和追求，经常会为自己设定下一个目标，然后努力地去完成它们。除此以外，他们的创造性也是非常突出的，常常会有一些与传统背道而驰的惊人之作。

　　喜欢跳探戈舞蹈的人，其大部分人是不甘于平庸的，他们总是追求生活的丰富多彩，最好还要带有一些神秘性。他们很重视一个人的才华和素养，在他们认为，这可能是比其他任何东西都重要的事情。

　　喜欢跳华尔兹舞的人，多是十分沉着稳重，为人比较亲切、随和，有一定的社会经验和阅历的人。他们精通各种礼仪，深谙人与人之间十分微妙的关系。因此，在为人处世、待人接物等方面，经过时间的磨炼和自我的要求，他们总会表现得十分得体，恰到好处，在无形之中流露出一种成熟而又高贵的气质和魅力。

　　喜欢跳爵士舞的人，基本上来说是属于一种即兴的舞蹈，喜欢这种舞蹈的人，多具有较强的随机应变的能力。他们在为人处世方面多不拘小节，只要能说得过去就可以了，而且具有一定的幽默感，这种幽默感并不是故意表现出来的，而是一种机灵和智慧的自然流露，他们很喜欢和很多人在一起，但如果只是一个人也能够寻找和创造乐趣。

　　喜欢跳拉丁舞的人，拉丁舞包括了桑巴、恰恰、玛伦给，等等，喜爱这些舞蹈的人，多是精力充沛而又魅力十足的，他们有很强的自我表现欲望，希望能够吸引更多人的目光，而实际上，他们也会引起他人的关注。

喜欢跳交际舞的人，大多数很乐意与他人交往，对人与人之间那种相对频繁和友好的互动关系更是情有独钟。他们在为人处世方面多是比较小心和谨慎的，而且具有较强的创造和组织能力。

从收藏偏好看心绪

保存纪念品对人而言是有着非常重要的意义和作用的，它多是对过去生活的一段总结和记录，会让人在记忆中对这段生活有一个完整的回忆。

珍藏旅游纪念品的人，对自己的追求和理想往往有比较强烈的执着精神，为此可以经受比较严峻的各种挑战而毫无怨言。他们待人比较坦诚，但做事往往欠缺周密的考虑和打算，以至于到最后可能会出现一些不尽如人意的现象。

珍藏旧情书的人，大多怀旧情结比较严重。他们有很多的浪漫情调，并总是在不断地找机会进行实现，除此之外还有一些多愁善感。他们并不坚强，对他人有依赖心理，总是希望自己成为被关心、帮助的对象。

珍藏旧电话号码本的人，他们多是十分看重与人的交往的，对友情十分忠诚。

珍藏旧玩具和旧游戏的人，多玩性较重，他们对生活的态度多是积极和乐观的，即使遇到某些遭遇和变故，也能够及时地开导和调整自己，以快乐的心境来面对。

第六章 "微"观偏好——隐藏在习惯中的心灵地图

喜欢收集破器具、旧钉子、生了锈的螺丝钉等东西的人，多具有比较强的宽容力和忍耐力。他们有大公无私的精神，这种精神自然会使他们很容易地就得到他人的赞赏。他们有时候也会伤害到他人，尤其是自己比较亲近的人，他们时常会为了其他人、其他事而忽略了自己的亲人。

珍藏旧书、旧报纸、旧杂志的人，多是很有些文化底蕴的人，他们长时间保持有读书看报的习惯，知识学识比较渊博。这一类型的人常有些自命清高，从不攀附权贵，淡泊名利，有些自以为是，不太容易接受他人的意见和看法。

珍藏注销了的支票和收据的人，多具有较强的组织能力。在为人处世等各个方面比较小心和谨慎，办事脚踏实地，有条有理。但有时会把时间和精力浪费在一些小的细节上，这严重地影响了成功的概率和速度。他们具有一定的冒险精神，但却缺乏魄力和勇气将之付诸行动。

喜欢珍藏旧照片的人，有比较强的表现欲望，希望他人能够更多地了解自己，对各种事物的接受能力比较快，即使是很糟糕的事情，他们也会开导自己，让自己逐渐地接受。

喜欢珍藏旧衣服的人，怀旧情结很浓，有些自负，常常自以为是，并且对自己的思想充满自信，寄予很大的希望。

喜欢珍藏婴儿鞋的人，有比较浓厚和强烈的亲情意识，非常爱自己的家人，同时也希望自己能够得到家人的爱。他们对新鲜事物接受起来比较困难，更不会轻易去寻求改变，有时显得很严厉和固执。

从卧室装饰看心态

卧室可以说是一个非常个人化的空间，它可能是唯一一个完全属于自己的场所。如何把这一有限的地方充分加以利用，达到最好的效果？这往往取决于卧室主人的品位和智慧。

一间卧室若要把它装饰得恰到好处，每一件小饰物，都应该凝聚着房间主人一定的心思和精力。所以，从卧室的装饰和摆设往往能看出其主人是一个什么样的人。

卧室就是生活的中心，它可以用来吃饭、睡觉，还可以用来娱乐。这一类型的人，多是比较外向的，他们希望自己能够多些对他人的了解，同时也希望他人能够对自己多一些认识。他们乐于与他人一起分享自己的幸福和欢乐，同时也能够快乐着他人的快乐，痛苦着他人的痛苦。他们渴望能够拥有一块真正属于自己的自由空间，然后随心所欲地做一些事情。这一类型的人，自信心不是特别强，但他们善于调整自己，以使受挫感降到最低的限度，使自己能够很快地重新再站起来。

在生活中，几乎每一个人都有自己崇拜的人物，有些人习惯把自己所崇拜和敬仰的人物的海报贴满卧室。这一类型的人性格多少有些孤僻，若想更好地与人相处，存在着一定的困难。这一类型的人还有一些不注重实际，常会放弃一些唾手可得的东西，而去追求那些遥不可及的事物。他们缺乏自

第六章　"微"观偏好——隐藏在习惯中的心灵地图

信，常常进行自我贬低，而抬高他人，他们总是觉得自己处处不如人。

卧室只是用来睡觉的，除此以外，其他的所有事情都在卧室之外的空间进行。这一类型的人的卧室经常保持整洁、朴素，每一件东西都有其自己的位置和特定的空间。他们的性格与卧室有着一定的相似之处，他们在为人处世各个方面都有一定的规律性，而且懂得控制自己的情绪，不轻易发怒。他们能够保证自己在绝大多数情况下的表现都非常得体、自然。

卧室虽然被装潢得美轮美奂，但却没有多少鲜明的个人特色，这表明这间卧室的主人虽然有一定的欣赏格调，但却拘于形式、规律而无法放开手脚，自由活动。他们对自己缺乏自信，经常否定自己。为了维持住现状，他们总是千方百计地想办法以最好的方式应付出现的各种情况，而绝对不会惹是生非，制造情况。他们在多数时候宁可奉命行事也不愿意当领导。

有些人的卧室非常整洁和干净，但另外还有一些人的卧室却乱得不成样子，简直是一个垃圾仓库。这一类型的人，虽然外表上看起来可能也是非常利索的，但实质上则十分拖沓。他们为人多是比较热情的，但做事缺乏认真负责的精神，常常是得过且过，敷衍了事。

卧室里有各种玩具以及健身用的器械，这一类型的人多是外向型的，他们比较开朗和活泼，为人热情亲切，而且还具有一定的同情心。他们希望生活中时时充满激情，而讨厌死气沉沉、一成不变的慢节奏生活。

房间里保留许多孩提时代留下来的东西，如各种玩具、有纪念价值的艺术品，甚至得过的奖状，等等。这一类型的人有比较重的怀旧情结，常常会陷入过去的某种情境中而无法自拔。他们乐于受到父母亲人的保护及约束、限制，在思想上并不算十分成熟。他们多有较强烈的依赖心理，缺乏冒险意识，最乐于过目前这种衣食无忧、逍遥自在的日子。

从旅游方式看性情

目前,旅游越来越成为一种时尚和潮流。在工作、学习之余,抽出一些时间,或独自一个人,或是与亲人朋友结伴,或是参加一些旅游团,到一些旅游景点去玩一玩,既放松了自己紧张和疲惫的心情,又可以丰富和提高自己的知识见闻,真可谓是一举多得。除此以外,从旅游偏好中还可以了解一个人的内心世界。

喜欢在海滩上漫步的人,一般个性有些孤僻,保守且传统,渴望自己能够离群索居,过隐居式的生活。他们对各种人际关系和交往并不热衷,因此人际关系并不是很好。他们没有太多的朋友,但一旦有,却是感情非常好的。他们有一定的责任心,尤其是对自己的子女,往往会投入相当大的时间和精力。

喜欢欣赏风景的人,一般讨厌被人管制,他们对乏味的、刻板的、一成不变的生活充满了厌倦,而向往能有一些新鲜、刺激的东西注入生活中来。他们想过丰富多彩的生活,他们具有相当充沛的精力,希望自己能够单独做一些事情。他们是具有一定的责任心的,会对自己该负责的事或人负起责任。他们具有丰富的创造力和想象力,总是不断地向新的未知领域挑战,对新体验有浓厚的兴趣,制造出一些意外的惊喜,当然有时候也是灾难。

第六章 "微"观偏好——隐藏在习惯中的心灵地图

旅行时喜欢参加旅游团随团旅游的人，一般比较理性，具有一定的逻辑思辨能力，会把每一件事情都计划得井井有条，然后再去做。他们希望什么事情都在自己的计划下有条不紊地进行，任何意外之旅对他们都毫无意义。比较现实，不富有幻想，也从不期待着会有什么意外的惊喜出现。此外他们个性豪爽，为人较坦率，也比较大方，有好的东西，经常会拿出来与其他人一起分享，而且他们是那种特别喜欢交朋友的人，只要别人懂得欣赏他们，他们会更真心地对你，比较赏识有才华的人。

喜欢到各地去探访亲戚朋友的人，一般对人有超乎寻常的忠诚，他们在待人接物方面表现出来的最大特点就是真诚和热情，而不是虚伪和做作。在与亲人朋友相处的过程中，会给他们带来极大的充实感和满足感，他们把这一切看得都很重。他们是尊重事实的楷模，一般都实事求是地面对一切。

喜欢出国旅游的人，追求时尚潮流的领军人，他们喜欢刺激，对生活中的变化非常积极。此外，他们比较具有幽默感，这样可以让他们以一种相对积极、乐观而又向上的态度来面对生活，不会被生活中的一些挫折和磨难压垮，从而时刻保持着充沛的精力和热情。

喜欢旅行时在外露宿的人，是传统思想的拥护者，拥有崇高的道德标准，懂得规范和约束自我的言行，使自己达到一定的境界，让人赞叹。他们个性相对独立，具有一定的想象力和创造力，但他们的生活并不是存在于幻想之上，他们是很注重客观实际的。

从汽车喜好看品位

随着国民经济水平的提高,对一些人来说,拥有属于自己的汽车不再是梦想。喜欢什么样的车子,往往是个人品位的浓缩,由此也可对一个人的性格有个大致的了解和把握。

喜欢豪华车的人,这种人性格外向,比较自信。希望自己的表现与众不同,并且具有一定的影响力,能够吸引他人的目光。他们时常有成功的感觉,这种感觉多来自他人的赞美,可这又不是完全真正发自内心的肯定。

喜欢进口车的人,这种人性格外向、自信、要强,非常现实的利己主义者,他们缺乏集体团队精神,凡事只要能给自己带来益处的多全盘接受。他们虽然也有很强的交际能力,但其中多以物质利益为纽带,一旦这一环节出现故障,那么一切都会不攻自破。

喜欢吉普车的人,这种人有过强的虚荣心,取胜欲望强烈,希望把他人远远地甩在后边,自己永远保持第一名的优势。自主意识也比一般人强烈,喜欢吉普车的人的性格往往就像吉普车一样,能够不辞辛苦地进驻许多交通工具无法到达的地区。

喜欢轿车型汽车的人,这种人自我感觉良好,他们总是乐于向他人炫耀自己,从而想证明一些什么。他们希望自己能够得到他人更多的尊重和

第六章 "微"观偏好——隐藏在习惯中的心灵地图

爱戴。

喜欢旅游车的人，这种人性情温和，诚实可靠。比较勤俭、节省，过日子时喜欢精打细算。他们总是能利用有限的时间、精力和金钱做出与之不等量的事情来。他们在很多时候会赢得他人的尊敬和赞扬。

喜欢双门车的人，这种人的控制欲和占有欲望是很强烈的，他们希望自己能够领导他人而不是被他人领导。某一事物，一旦进入他们的视线且被看中，他们就会尽一切努力去争取，有股不达目的誓不罢休的劲头。在为人处世方面，他们更多在乎的是自己的感受，而很少顾及他人的心理，而对于他人有什么样的心理，也是持一副毫不在乎的无所谓态度。

喜欢四门车的人，这种人有较强独立的个性，他们讨厌被人所左右。因为自己有过深刻的被人限制的感受，所以他们从来不会去约束别人。他们在绝大多数时候会尊重他人的意见和看法，给他人更多的自由选择的余地，哪怕这种选择对他们来说可能是一种伤害，也还会抱着理解和支持的态度。这一类型的人对人随和，待人亲切，所以会赢得更多人的依赖和尊重，为自己营造出比较好的人际关系。

喜欢敞篷车的人，这种人属于外向型的性格，他们乐于与外界进行各种接触，而讨厌死气沉沉的生活。他们喜欢热闹，对色彩鲜艳华丽的事物情有独钟。他们对人多比较热情，富有同情心，能够给予他人关心和帮助。这一类型的人，对新鲜事物的接受能力也是很快的。

从运动喜好透视人

　　人也不外乎是一种动物,"动"是其与生俱来的特性。所谓的"动"其中就包括身体运动。其实,运动对于人而言是一种必不可少的生活方式,而每个活着的人都在做着不同形式的运动。因人而异,人们会选择和热衷于不同的运动方式,当然最起决定因素的就是人的个性特征。

　　喜爱足球的人,应该是相当富有激情的,对生活持有非常积极的态度,有战斗的欲望,干劲十足。因为那些没有激情的人,根本不能适应足球运动。要知道,足球运动本身就是一项很刺激的运动方式,能让人兴奋。

　　喜爱排球的人,一般都不拘小节,他们在做一件事情的时候,不管结果会是什么样子,但他们做事时的重视程度是常人所没有的。

　　喜爱网球的人,他们一般具备较高的文化素养,因为网球运动本身就具有贵族的气息和很高的格调。喜爱网球运动的人从整体上来说,大多是属于文质彬彬、有涵养的那一种人,他们对自己在各个方面的要求都比较严格,要求自己达到一个相对比较高的层次上,有时甚至会力求达到至善至美的境地。

　　喜爱篮球的人,一般有较高的理想和远大的目标。他们经常对自己的目标充满了信心,希望自己能够实现自己的远大抱负,希望自己能够比他人出色,总能先别人一步。他们可以做出很大的牺牲和努力,去完成自己

第六章 "微"观偏好——隐藏在习惯中的心灵地图

想要达到的目标。这其中可能避免不了要遭遇失败,但他们失败以后多不会被击倒,不会一蹶不振、灰心丧气,相反地,他们凭借自己良好的心理素质以重新站起来、再接再厉的姿态来面对未来。

喜爱高尔夫球的人,高尔夫球也是地位、财富和身份的一种象征,因此可以说,这种运动确实只有是贵族才能有的一种运动方式。有的人可以喜欢,但他爱并不一定都能玩得起,那些能够玩得起的人,大都是具有比较强大的经济实力作支持的,而其本人也可以称得上是个成功者。这些人之所以能够成功,在于他们具备了成功者必备的宽阔的胸怀、远大的理想,也在于他们那坚强的毅力,以及不达目的不罢休的精神。

喜爱在家运动的人,购买运动器材,在家里做运动的人,可能是个爱冲动的人,因一时冲动,想买运动器材,结果就买了,可是通常都锻炼不了几回,因为家里事情比较多,比较烦琐,而且也没有那么坚强的毅力。

喜爱在体育馆或俱乐部运动的人,大多比较外向,喜欢和很多人在一起而不是单独一个人。他们会经常参加一些有组织性的活动,而在过程中,又能够遵守纪律。这一类型的人有一个最大的特点就是好奇心相对的要严重一些,喜欢打探别人的秘密和隐私。

喜爱慢跑的人,一般来说,性情都是比较温和、亲切的,对人也较热情,他们在很多时候能够和很多的人建立良好的交往关系。他们的心态比较平和,在绝大多数时候能保持冷静,他们没有太大的野心和抱负,比较容易满足现状。

喜爱举重的人,多比较偏重于追求表面化的东西,而忽略一些实质和内涵,他们通常都是很在意他人对自己持什么样的态度的,并为此可能会改变自己,迎合他人。

喜爱竞走的人,其性格是叛逆的、反传统的,他们喜欢标新立异,尽情地向人展露属于自己的独特的东西。他们的自主意识比较强，不希望被人管制和约束，而渴望自由自在地想干什么就干什么。

喜爱自己编排运动项目的人，其生活态度一般来说是比较严肃的，他们做任何一件事情都会非常认真地对待，并且追求高效率、高质量。他们对自己的要求比较严格，对他人也同样是。

喜欢边看电视边做运动的人，察言观色和自我意识能力比较强，他们往往是不需要别人说什么话，就能明白自己到底应该做些什么。他们懂得合理安排时间的重要性，所以在这一方面做得还算不错。

喜爱柔软体操的人，性格并不是特别的坚强，而且生活多没有什么规律，自我约束能力较弱，经常向自己妥协。这一类型的人若想自己今后的生活更好一些，最好的办法就是找一个在自己所存在的缺点方面很强的人来监视和督促鼓励自己。

喜爱边做事边运动的人，多是那种想象力相对较丰富，能把一些枯燥无味的事情变得趣味横生，让人很乐于去做的人。他们善于进行自我开导，有些事情即使十分不愿意去做，也不会有抱怨。相反，他们会克制自己，从而把做不愿意做的事情当成是自我修养、自我改进的训练方式。

喜爱骑自行车的人，相对的头脑要灵活许多，他们做事不会死脑筋，只沿着一条路走，而是在几条路中选择最便捷的一条。他们对新事物的接受能力比较快，好奇心也很强，喜欢去一些未知的领域进行钻研和探索。

喜爱走路的人，他们把走路当成是一种运动方式的人，他们的为人就和走路一样，既不稀奇也不时髦，但是一直坚持下来，从中受到的益处却是无穷无尽的。他们没有很强的表现欲望，对能够很好地突出自己的事情并没有多大的兴趣。他们只是保持着相对的平稳，做自己该做、能做的事情。他们很有耐心，并且也有信心做好每一件事情。

第六章 "微"观偏好——隐藏在习惯中的心灵地图

迷恋电脑的人多内向

一个人是否喜欢玩电脑，这也与他的个人性格有关。一般而言，外向型的人由于性格方面的特点，使用电脑并不太适合，就算他也跟一般人一样使用电脑，也绝对不会达到那种迷恋状态。

与外向型人相比，内向型的人喜欢井井有条的事物，而且，他们在数字与机构方面的能力很强，所以，他们学电脑就会感到非常轻松。

而且，电脑固定不变的程序运作，使内向型的人感到安心与信任。因为与人类比起来，电脑更实在，每次都能够获得期待的解答，绝对不致落空，而且电脑根据程序进行工作，不会像人一样撒谎，都能如实地回答操作者提出的任何问题。

尤其让人们放心的是，电脑绝对没有任何坏脾气，它会完全按照指令，井然有序地完成程序运算，同时完全不会有差错。那些把电脑带回家，完完全全变成"电脑迷"的人，一定是内向型人，这一点毫无疑问。

外向型的人有一种自我认识，他们认为单调的作业程序十分烦琐，那种要求严格、没有一丝情调的机械式工作，对他们而言简直就是一种折磨。

外向型的人，充其量只能把电脑当成电子玩具，借此打发无聊的时间罢了，而他们工作的时候，就尽一切可能不用电脑来完成任务。对于需要耐心与缜密思考力的软件制作而言，没有比内向型的人更适合了。而就算外向型的人具有这方面的才能，他们也远远不如内向型的人。

那些对电脑具有浓厚趣味的人，九成以上是属于内向型的人。

之外，像制造模型飞机、电子作业，以及喜欢摄影，喜欢录放映机、音响设备的人，一向以内向型的人为主。而那些声称"别人那样做，我也就跟着做……"的外向型之人，他们有时候可能凭借自己的热情干一段时间，但绝不会持之以恒。

其实每个人都有一些自己的嗜好，只不过有些时候，由于工作学习太忙了，以至于没有一点时间来做自己喜欢的事情，所以渐渐地就把它忽略了。嗜好不同于一般的工作和学习，工作和学习在很多时候都具有一定的目的性，为了某一目的而做，甚至是做也得做，不做也得做，这就感觉到非常被动。可是嗜好不一样，嗜好完全是自己喜欢、感兴趣的，做它是为了愉悦自己。有什么样的嗜好，这往往要依据一个人的性格而定，所以通过它来了解一个人实在是最好不过的了。

从举杯姿势分析男女

现在人们的社交应酬场合越来越多。在觥筹交错酒酣耳热之际，你是否也能从中得到体语暗示呢？人们在这种喧闹纵情的环境中，更容易充分表现出自己的个性来。

豪爽型男人喜欢紧紧抓住酒杯，拇指按着杯口；

有主见的男人则喜欢把杯子紧紧握在掌中，拇指用力顶住杯子的边缘；

有些沉思型男子常常用两只手抓住酒杯；

还有些男人喜欢用手捂住杯口，这类男人一般善于伪装，很少暴露自己的真实思想。

女人在社交场合表现略有不同。

兴奋型女人喜欢将杯子平放在手掌上，边饮边如数家珍似的交谈。这类女人往往活跃好动，给人以"机灵"感；

有些在饮酒时喜欢用手握住高脚酒杯的脚，同时食指伸出。有人认为，这类女人一般追求地位、金钱和势力，因此很可能是"势利眼"；

有些女人喜欢边饮边玩弄酒杯，这类女人一般忙于琐事，没有强烈的事业心，也不会有什么大的科研成就；

有些女人喜欢用一只手紧紧地握住酒杯，而另一只手则无意识地划着杯沿，这类女人往往善于沉思；

还有些女人喜欢将酒杯紧紧地握在手中，或是把杯子放在大腿上，这类女人一般喜欢倾听别人的谈话。

从端红酒杯姿态看人

葡萄酒是一种优雅的饮料，会品葡萄酒的人，都会养成一个特定的端酒杯的姿势，不经意间就会表现出来。只要细心观察，不难发现这些人的性格特征。

（1）手握杯身

这种人温柔体贴，心地善良，富有同情心，交友广泛，深得朋友爱戴。但是这种类型的人往往比较脆弱，心理承受能力较差，比较欠缺安全感，下意识当中表露出爱与被爱的需求。

（2）手托杯身

这是一个关怀者的写照，有主见，有责任心，可靠，不随波逐流，做朋友还是做情人，是比较合适的人选。作为男人，给人以安全感，作为女人，能给人以贤惠温柔持家有方的感觉。

（3）手握杯柱

这是典型的品酒者常用的握杯姿势，处于长期饮酒或者职业习惯，他们一般不能体现性格。但是注意观察，那些常将酒杯在手里旋转并不断摇动观察的人，表现出自由 散漫，随意和我行我素的个性，喜欢表现，性格外向，善于交际，并有不错的异性缘。在男人，可靠不足，情趣有余，在女人，深沉不足，浅薄有余。

（4）手握杯底

这种姿势也是专业品酒师的常用姿势，为的是便于晃动酒杯。经常使用这种姿势的人，有很强的领导欲望，做人做事比较霸道，一般有比较突出的领导才能。正如对酒，张弛有度，即可放开，又能收拢，知人善任。但是容不得错误和背叛。

（5）双手握杯身并旋转

这是非常少的持杯姿势，多数状况是"把玩"。多次出现同一个动作或者习惯性把玩，可以看出此人表面随性豁达，却城府极深，内秀。对异性有强烈的占有欲往，攻击性较强。成熟老练，善结人缘，但没有长久的朋友，只有利益上的朋友．

第六章 "微"观偏好——隐藏在习惯中的心灵地图

从打电话洞察人心

一般而言,充分理解对方的立场并渴望了解对方的心意,在打电话时常会出现以下动作:

谈话时紧握听筒身体自然地往前弯曲。

脸上浮现笑容或仿佛对方近在眼前似的不断向其点头,表现夸大的表情。

紧紧将听筒靠在耳边。

坐在椅子上谈话。

尤其谈话对象是异性时,会端正自己的领带或抚弄头发,频频注意自己谈话的动作与姿势。而女性如果打电话时露出仿佛面对镜子整装的表情,通常对方是男友或是其心存好感的男性。自己无意识中的表情,会暴露渴望博得对方男性好感或被其喜爱的心态。

相反地,如果谈话对象是自己缺少好感的人,无意与其对谈,只是礼貌性地附和,肢体语言也会跟着改变。

这时以下的动作会出现在谈话中:

一边打电话一边信手涂鸦。

站立谈话,往往是表示有急事或不愿意谈话。对对方带有好感或渴望给予说服时通常会坐在椅子上慢慢谈话。

听筒远离耳朵，表明对对方的话题不关心。

用电话交谈时如果有出乎意料的情况，如听到对方说出令人不快或深受打击的事，会突然地改变打电话的姿势。

突然不再摇晃椅子。常见有人打电话时会频繁地摇晃椅子，如果突然停止摇晃的动作，专注地听电话中对方的谈话时，即是谈话中出现非常重要问题的信息。

原本站立却突然坐在椅子上。是对对方的谈话产生兴趣或有好感时，或者感觉话题会拉长时，通常会出现这个动作。而谈话的声音语调也会产生变化。

抽屉一开一合。电话交谈中也经常看见将手搭在抽屉上的动作。这多半是另有心事或不知如何应对时，无意间所流露的动作。如果停止这个动作而突然站立起来，可能是渴望对方做出结论或对自己的想法具有信心，希望能明确地传达给对方。

在公用电话或单位中常见这些动作，如果神情自若不背他人耳目地交谈，谈话对象通常是工作上往来的人或自己的家人。如果背着他人避免脸部被瞧见，多半是与不愿他人知晓的对象谈话。而警戒心非常强的人有时不但背对着人，还会用手遮掩着听筒。

话筒的握法也各有特点。观察打电话的人，会发现许多有趣的事实。比较手拿话筒的姿势，可分成各种不同的类型。

话筒可分成上中下三部分，你所观察的人的手是握在哪个部分呢？

（1）握住话筒的中间

一般人会握住话筒的中间部分，让话筒与口、耳保持适当距离而交谈。

不论男女，采用这种握法通常是处于较安定的心理状态，性格较温顺，不会无理强求。担任银行职员或秘书等工作者常见这种握法。电话中谈吐沉静，属于温和的性格。

（2）握住话筒的下方

握住话筒下方亦即送话口位置的人，通常个性坚韧不拔，富有行动力。从事经常在嘈杂场所打电话的职业，如新闻记者、证券交易员等常见这种类型。这也是一般具有行动力和富于冒险性格者的特点。手掌大而有劲。

女性用这种方式握话筒者一般较自负。

（3）握住话筒的上方

这种握法以女性居多。带有神经质，喜欢独自阅读、倾听音乐，不爱哗众取宠。男性若有这种握法多半是有洁癖，体格上属于瘦削形。

（4）握话筒时伸直食指

有些人握话筒时会伸直食指。这种握法通常表明此人自尊心强、自我意识强、好恶明显。这种人往往讨厌受人命令，具有强烈的支配欲，随时渴望向崭新的事物挑战。

（5）打电话时玩弄电话线

有不少女性会一手握话筒一手把玩电话线，尤其是年轻女子常见这种动作。这属于浪漫主义的幻想家。她们往往不注意周围的环境，只藏匿在自己幻想的世界里。打电话时一讲就是几个钟头，有时可能是渴望依赖某人。

（6）轻握话筒显得有气无力

多半是具有独创性及唯美派的人。但是做事无法持久，是忽冷忽热的类型。这种人在打电话时不会东聊西扯浪费时间。不过，他们打电话常常只是为了宣泄而很少倾听对方的谈话。

名片上有别名的人

这些人头脑灵活、脑筋尖锐，然而，也是谨慎小心的叛逆者。

当你接过名片，会看到在名字的左下角，或者旁边的地方加上了括弧（某某），或写着"改名某某"。

但有些人并没印上别号，当人们对其名字表示出相当浓厚的兴趣时，会说：

"哎呀，这种姓名倒是少见。"

而他却苦笑，告诉你：

"不，事实上我已经改名了。"

然后滔滔不绝地向你叙述改名的各种理由，这些理由有时常叫人感到意外。许多改名的人，甚至于感到自己改名是件颇引为自卑的事。

俗话有云："名字是身体的表现。"名字本来是"人的根本"的意思。孩子出生后，看看性别是男是女，再以其个性的格调，也就是依据其性格而命名。名字定下后，性格即成为宿命（例如男女的名字大不相同，或个性强、弱等）。

因为自己的性格——也就是名字不雅，而改名的人（不应叫改名，名字已经变成另外新的，所以叫变名比较合适吧），性格多属于小心、神经质、叛逆性等。这类型人的特性是有独创性，脑筋锐利。

由于具有谨慎小心和神经质的特性，所以也具有对自己相当在意的一面，因为欠缺刚毅性、坚忍性，所以遭遇困难或灾祸时，总认为"逃避就是胜利",而不敢面对现实解决问题。

　　自己的缺点,就是自己的性格上的缺点,如果能够奋发向上,必定能够扬长避短,有所作为,只有思想浅薄,误认改名就可以改变性格、改变运道的人,才真正是对自己没有自信的人。

不给别人名片的人

　　初次与朋友相交时,不妨这样:

　　"您好,在下是陈晓文,请多多指教!"

　　接着会是互相交换名片,但当我们毕恭毕敬地送上名片,而对方却如此表示:

　　"客气、客气,我的名片刚好用光了,所以……"

　　我们内心里大概不会很高兴吧!

　　"开什么玩笑,你以为别人是什么东西,我是看在介绍人的面子上不愿多说而已,讨厌的家伙。"心里不快,根本用不着再多谈什么了。像这样第一印象就觉得很厌恶的人,日后从介绍者口中再听到有关对方的详情,竟然是比自己资历还浅的生手,要不然就是掮客之流的欺诈能手。说不定某天介绍者说溜了嘴,还会跟你说:

　　"最好避免和那种人在一起。"

　　或者:

"他说你对女人方面很不检点。"

简直要令人大感怀疑：

"你到底是帮哪一边的忙？"

但是，千万别因此而气馁。应当据理力争，告诉他真正的情况是如何。既然晓得要跟他人见面洽谈，绝不会有用光名片的道理。也没有人明知对方人品不正而又甘愿和他往来。无论介绍者是多正直、正派的人物，他所介绍的人之中，也会有一两个是难以对付的家伙。你不妨告诉介绍者：

"你的友人之中，有这种不通情理的人，连你也会被人家取笑！"

像这种以名片用光或不带名片为借口的人，大都是孤注一掷的投机者类型，是相当危险的人物。

初次见面彼此还了解不到三两分钟的人，却立刻以交往数十年般地亲热口气相邀。

"去喝一杯吧！该不会讨厌喝酒吧？"

像这样为达目的完全孤注一掷的行为，对于并不了解对方的心思和性格的你，如顺其意而行难免不遭伤害，小心为要。

名片印有多种头衔的人

这些人同时拥有两种名片，属于深谋远虑的类型，多数忠心不足，很容易做出一些出卖别人的行为。

第六章 "微"观偏好——隐藏在习惯中的心灵地图

甚至少数人因头衔太多，一张名片也装不下，故以两张名片示人。因此，一次拿着两张名片示人的人，大都是在本职之外尚有其他兴趣，或打工，兼差。

或许你的同事也会突然亮出名片给你：

"这是我的副业名片……"

使你大感讶异——原来这家伙还从事这种工作啊！在公司内不甚起眼的家伙，在第二张名片上赫然印着"某某教授"的字样，或甚至于某某笔名，不由得不令人感到由衷的敬佩。

公司的经营者或知识阶层者具有两种不同的名片，不是什么值得大惊小怪的事，问题在于，拥有两种名片的人如何使用它们。如公司里的同事跟你说："你可千万要保密哦"而递给你第二张名片。为什么要你保密呢？因为万一被公司知道的话对他不利。因此对于那些两张名片分开使用的人，我们应有所戒备。这种人平日装出一副忠于公司，勤于职守的姿态，但实际上却在暗地里做出种种背叛公司、出卖公司的勾当。

与具有两种名片的人商谈交易，或请他帮忙时，最后的成果都是由他们独占的。

"你如果想要成功的话——我永远支持你。"

像这样，假公济私，即使事情并不是靠他帮忙而成功，他也会大言不惭地邀功：

"告诉你，实际上是我暗地去请求他协助的呢！"

这种人对于争利居功相当拿手。

他们不时生存于往日光荣的回忆之中，因为不愿使梦想在幻想中结束，所以大都蜷缩在现实的缝隙里生活。

"我的本职是不动产经纪人，但是我又投资两三百万成立新的公司，结果过了五六个月，仍然一点起色也没有……"

"什么？你的本职是不动产经纪人，不是？"

也许你也常听到这类对话吧！

名片上有日期及地点的人

这类人物是策略家型，慎重而且兴趣广泛。交游广阔的生意人，每日接到的名片不少，因此，我们经常无法将付名片的人的相貌清楚记忆。

本以为是初次见面，正想掏出名片时，不想对方却说：

"不用了，你上次已经给过我了！"

不是碰到这种尴尬场面，就是日后看到名片，怎么也想不出在什么时候，哪个地方，为了什么事，跟什么样的人见面。

名片交换是促进人际关系，使之更有"缘分"的东西。珍惜我们曾经见过面的人，是使自己招致"好运"的诀窍。遗忘认识者的姓名，不仅将使自己度过缺乏将来、没有运气的人生，也无法拓展人际关系的范围。

在短时间内再次和曾经交换名片的人相遇时，遗忘对方姓名不但会成为会话上的障碍，甚至于使人怀疑你的能力，于自己不利。

在名片上记载相见的时间、地点、介绍人，以及当时所谈的话题，待到下一次，要再和见过面的那个人会面时，只要拿出当时所记载的，过目一下就能回想起来。

第六章 "微"观偏好——隐藏在习惯中的心灵地图

"上一次就在这一家店里受到你的招待。没想到你那个时候还喝了四碗汤，真叫人惊奇呢？"

这么一说，对方也会猛然回想当天的情况：

"呃？就是嘛！"

对方也会因此认定你不是个普通的人物。这也是你们两个更进一步发展新交易的绝佳机会。可从这儿慢慢地谈到生意上的事。

像这样在名片上附记纲要的人，可说是慎重派人物。大都是脑筋锐利，以广泛的兴趣为乐的人。如果你是拙于社交的人，无妨参考一下这种做法。或许会使你更受欢迎吧！

带着他人名片四处走的人

这一类人多以自我为中心，虽然本身没有什么本事，也没有什么成就，但却以认识的人比你有成就，认识的人比你有本事，来抬高自己的身份，以压低别人。然而在骨子里，他们只是以此来掩盖自己的弱点，减低一点点心底里的自卑感而已。

这类人，装作若无其事地掏出一叠名片，自豪地说自己和这些人是如何的亲切深交，也有人抓出大把不经整理的名片，来翻西翻东地找寻自己的名片。

像这种带着大把他人名片外出的人，大都是以自我为中心的类型。其特征是活动性，口才很好，说话绝不会出任何纰漏，是较易讨人喜欢的人物。

受他人之托时，他会轻易地一口承诺：

"没问题，交给我办好了！"

请托的人常因此误以为这种人真是可靠又爽直，结果却大失所望。"上次你要求的那件事，好像没什么希望。"即使事情没有办妥，他也不会自觉惭愧，仍然一如往昔地谈笑风生。最后仍然反复着同样的行为，轻口承诺而不兑现。

要是对方没有表示严重的不满，他仍然与他们友好交往，如果对方表示出强烈的不满时，则立刻与之疏远。

这类人是自己的事永远比别人的事更重要的自我中心类型。喜于应酬宴会、喝酒，对异性有强烈的兴趣，且受人欢迎。喜欢边喝酒边和他人洽谈事务，虽然酒醒后并不会说出类似："有这回事吗？我忘掉了"的不负责任言语，但是，你最好在与这种人商谈之前，先立下约文保证。因为这种人有其意志薄弱的一面。

信任的"信"，是"人言"的意思，不过，信用这个词，似乎不适于用在这种人身上。

欲控制像这种带着他人名片四处走的人，最好能了解他们"无聊"的心情。

第七章 破解谎言
——看清说谎者的面目

西方社会流行着这样一句谚语:"当真理还在穿鞋的时候,谎言已跑出很远了。"就连莎士比亚也曾发出感慨:"上帝啊上帝,这个世界为什么这样喜欢说谎呢!"事实就是这样,不管你愿不愿意面对,我们的现实生活中早已充斥着大量的谎言,我们无法回避它们,就必须每天去面对、去听、去看、去感觉,去破译。

手揉眼睛——可能在睁眼说瞎话

纯洁天真的小孩子如果不愿意或不敢看某些事物,他们就会把眼睛紧紧闭上,又或者用小手遮住自己的眼睛。而成年人圆于世故,不会再把内心想法那么明显地表现出来,他们会将"手遮眼睛"演化为"手揉眼睛"。

当成年人撒谎时,他们也会用揉眼睛这种方式来遮掩。心理学家研究发现,说谎的人往往不敢直视别人的眼睛,因此,打算说谎或正在说谎的人往往会用手摩擦眼睛的动作来下意识地去挡住自己不自然的眼神。这个动作有男女之分,男人会用力地揉眼睛,为的是在说谎时避免目光与对方的视线接触;女人多半是轻轻摸一下眼睑的下方,她们担心把眼睛周围的妆弄坏了。

如果这个谎说的比较大,那他们在摩擦眼睛的同时还常常会将眼神转向别处。避免眼神直接接触对方,这是最典型的欺骗表情。当一个人撒谎时,他的潜意识里害怕你用过眼神看穿他的心思,因为他,心虚。

比如我们常看的警匪片中,警察在审讯犯人时,犯人一般在回答问题时总会时不时地揉揉眼睛,同时低下头或是将脸转向一旁,这是因为他们在撒谎狡辩,他们之所以如此是为了躲避警察审视的目光。

当然,我们也不能因为一个人说话时揉眼睛,就完全断定他是在撒谎,因为如果一个人的眼睛不舒服,他也会不由自主地去摩擦眼睛。这就需要我们细心观察，比如看他的眼睛是否泛红，看他的表情是否痛苦。千万不要犯教条主义，把所有揉眼睛的动作都看作是撒谎，这样会很容易产生误会。

总而言之，任何微表情解码都不是绝对的，应该根据当时当地的情形来判断对方的动作代表的意思，不可过于迷信理论，武断判断。到底是眼病还是心病，这要先观察、再判断，最后定论。

手遮嘴巴——千万别把真话说出口

如果小孩子不小心说出了他不想说出的话，他马上会用手捂住嘴巴，然后很不好意思地笑一下。成年以后，人们控制自己手部动作的能力有所增长，即使撒了谎，也不会那么明显地去捂住嘴巴，但他们可能用其他方式偷偷地来"捂嘴"，比如：

（1）在说话时假装咳嗽，然后用手捂嘴；

（2）在说话时假装打呵欠，然后用手捂嘴；

（3）说出某句话时忽然同时捂住嘴，然后迅速放开，左右看看假装若无其事；

（4）在说话时用手托住下巴或腮帮，同时几根手指半遮住嘴巴；

（5）在说话时，把手握成拳头放在嘴角。

不管以何种方式下意识地遮住嘴巴，它都可能在传达这样的意思——"我差点把大实话说了出来"、"不能让他看出我在说谎"。

心理学家告诉我们，在和别人交谈时，如果对方突然遮上嘴巴，那么大多是因为说了谎，他正试图通过捂住自己的嘴巴来掩饰自己说出那些谎话，或遮挡说谎的痕迹。为了自然起见，有些人还会在遮上嘴巴的时候假装咳嗽来掩饰。

用手遮住嘴巴就如同把食指竖立在嘴唇前跟别人说"嘘"的手势一样，都是一种表示不要把不该说的说出口的意思。如果你在和对方聊天时，对方下意识地遮上了嘴巴，你就要仔细揣摩话里的深意了，也许对方正在对你说谎呢。

手摸鼻子——我的鼻子变长了没有？

《木偶奇遇记》是18世纪意大利作家留给世人的经典童话故事；"一旦撒谎，鼻子就会变长"——这是故事主人公木偶匹诺曹鼻子的一大突出特点。虽然是艺术夸张，但科学家发现，其中还真蕴含着很多科学道理。

美国芝加哥嗅觉与味觉治疗与研究基金会的科学家们经过研究发现，当人们撒谎时，身体里会释放出一种叫作"儿茶酚胺"的化学物质，而这种物质会引起鼻腔内的细胞肿胀，使鼻子略增大，同时感到有轻微的刺痒感，于是人们就会不由自主地去触摸它，以缓解那种不适的感觉。

触摸鼻子的手势一般是用手在鼻子的下沿很快地摩擦几下，有时甚至只是略微轻触，几乎令人难以察觉。女人在做这个手势时比男人的动作幅度更小，或许是为了避免弄花脸上的妆容。

这是一个在生活中经常出现的动作，我们不能仅仅因为这个动作就断定对方一定在说谎，有时候对方做出这个动作可能只是闻到异味、花粉过敏、感冒鼻塞，或者因被眼镜框压迫而感到不舒服。所以我们还需结合其他说谎迹象来进行解读。一般来说，要区分撒谎和真正的鼻子发痒。前者只是轻轻地触碰，而后者则会使劲地擤鼻子。

而且，虽然撒谎的确是引发触摸鼻子这一手势的原因。但同样，当一个人处在不安、焦虑或者愤怒的情绪之中时，他的鼻腔血管也会膨胀，也会出现触摸鼻子的情况。

所以，这是一个有用的鉴定对方是否在说谎的辅助手段，而不是一个完全判定的手段。借助这个手段时，要记住这样一个规则：单纯的鼻子发痒往往只会引发人们反复摩擦鼻子这个单一的手势，而和人们整个对话的内容、频率和节奏没有任何关联；但如果这之间存在某种联系，你就必须对他的谈话内容加以警惕了。

笑不由衷——他想用笑迷惑你

微笑有着神奇的魔力，可以拉近人们之间的距离，让陌生的两人在瞬间变成朋友。除此之外，微笑还有着特别重要的作用。科学研究证实，人微笑的次数越多，对方相信他的可能性就越大，因此为了掩饰自己，有些人极其善于利用微笑的魔力，他们通常在说谎时堆满假笑。发现假笑并不难,因为只有嘴部周围有限的肌肉参与了这个动作,那些看起来有点过度放松的,一般不是真实的高兴。你还可以看看正在笑的那张嘴,看是否可以看见牙齿。真正的笑容会显露出一点牙齿,而虚假的笑容就不会。在真实的笑容中,嘴部会有更多的肌肉参与进来。

另外,一般真实微笑的持续时间在2秒到4秒之间,如果一个人的微笑持续时间超过6秒,他的笑肯定不是发自内心的!科学研究还发现,如果是假笑,我们的左脑和右脑都希望我们的笑容看起来显得更加真实,但是控制面部表情的神经元大都集中在右半脑的大脑皮层中,而这部分大脑只能向我们的左半身发送指令。因此,在我们自我意识的控制下,我们左侧脸庞和右侧脸庞的表情并不完全相同,左侧脸部的笑容会比右侧脸部的笑容更加明显。而如果是发自内心的微笑,左右两侧的笑容就不会有区别了。通俗一点说,一般而言,人在假笑时,习惯用右手的人,左嘴角挑得更高,而"左撇子"会在假笑时把右嘴角挑得更高!

这就需要大家有所注意,虽然微笑具有传染力,但是同时微笑也可以被人为制造出来,也就是说微笑有真笑和假笑之分。当看见有人在冲我们微笑时,我们大都会有一种满足感,而从来不会出思考笑容的真假。而在微笑的感染下,人们常常会放松戒备,而那些爱撒谎的人则常常钻这些空子,在撒谎的时候用微笑来遮掩,为了不让假笑以假乱真,我们必须培养自己识别假笑的能力。

第七章 破解谎言——看清说谎者的面目

如何使对方说出真话

交际中，我们已经了解了一些识破别人谎言的招数，那么，现在我们就针对"如何去识破对方并使他说出真话"这一话题来讨论。

（1）怎样使对方解除心中的武装

正在说谎或试图说谎的人，他们心里一定会先把自己武装起来。"怎样使对方除去武装"就是最大的关键所在。假如这时你正面跟他冲突，他一定会强词夺理把你反击回来。

例如，你对说谎者说："你有什么话就干脆直说好了，不用跟我兜什么圈子撒谎。"这样去攻击他，是不会产生效果的。我们应该在对方有些动摇时，找出他的弱点去攻击他。不过，如果对方硬要坚持他的谎话，那么这一招就不灵了。这时，我们就必须另想办法使对方解除武装。我们暂且不去理会他说话内容的真实与否，只要把重点放在如何才能使他解除心中的武装就可以了。

这个道理就与闭得紧紧的海蚌一样，越急着把它打开，它就闭得越紧。假如暂时不去理会它，它就会解除心中的武装，一会儿它就自然地打开了。

那么究竟要如何才能使对方解除心中的武装呢？

使对方具有安全感，如果对方是为了保护自己而说谎的时候，我们最好这样说：

"你把实话说出来。没关系的,事情不像你想象的那样严重的。"

这样一来,他们就会认为自身的处境已经很安全,不会顾忌说出实话会有什么不良的后果。因此,在这种情况下,想要叫他说出实话是很容易的。

要使对方产生安全感,首先必须使他对你产生信赖,他对你产生信赖之后,才会对你吐出真言。

利用循循善诱的方法去套取对方的口供,要比使用强硬逼供的手法更容易达到目的。当然,假如你只是装出笑容来讨好对方,那对方就不会怕你了。我们必须做到让对方认为"我实在不敢对这种人说谎"才行。简单地说,我们要运用技巧,使对方因为你的影响而把实话完全吐露出来。

还有一种技巧与上述所提的完全相反,那就是故意把自己装成很容易上当的样子,使对方对你没有戒心而很自然地把心里的话说出来。

换言之,就是让对方产生优越感,使他在得意忘形之际,无意中露出马脚。这种方法用来对付傲慢的人是最好不过了。

听说美国的律师,在法院开庭审问时,也常会反复地运用这种方法,但是假如太露骨的话,就会留下漏洞,无法达到目的。

彻底去追根究底,有时也能使对方解除心中的武装。假如对方仍有辩白的余地,他也一定会坚持到底,因此,只有在他们被逼得无法再为自己辩解时,他们才会自动解除武装,说出实话。

我们常常可以在报纸上看到某人由于精神过分紧张而自杀的消息,对于此类事件,我们没有办法给他们下一个完美的定论,但我们很容易能看出,他们实在是被生活中的某种因素逼迫得无法透气,才这样做的。

攻其不备,不管是多么高明的说谎者,假如说遇到突然而来的攻击,也会惊慌失措,不得不投降。

一位资深律师曾说道:

第七章 破解谎言——看清说谎者的面目

"在询问一个决定性的问题时,不要马上询问证人,等他回到证人席之后,再突然请他回来,重新询问,这是最有效的方法……"

《孙子兵法》里也说过:"攻其不备,出其不意","使其不御,则攻其虚"。

因为我们乘虚而入,对方没有防备,自然就会放下武器投降了。

(2) 不要与对方做无意义的争辩

"你明明就是在说谎。"

"不!我说的全部是实话。"

"你为何要说谎?"

"不!我根本就没有说谎。"

这样的争辩没有任何的意义,再怎么争论下去也不会有结果的。

表面上看来,这种问话的方式有点像是追根究底,其实是完全变了质。

使对方反复地做出同样的事情,谎话只能说一次,假如经过两次、三次的重复,多多少少就会露出马脚。我们在日常生活中经常会发现这种现象,比如,早上同事打电话来说:"对不起!我家有客人,麻烦你帮我向主管请个假,谢谢你了。"

等过几天后,你突然问他:"前几天你为何要请假呢?"这时他或许会说:"因孩子得了急病!"这种人一定不是为了正当的理由而请假。或许他在外面兼副业,或许他在外面做了某些不可告人的事情。

有一位十分细心的人,他每次说谎之后,都会把它记在备忘录里,以免重复。这个方法真是无聊透顶,如果他说了一个曲曲折折的谎话,是否也能一一把它记下来?总有一天他会露出马脚的。

(3) 要有效地利用证据

要使对方说出实话,最高明的手法就是提出有效的证据,尤其是物证，它的效果更大。

拿出有力的证据来做武器，是识破谎言最好的手法。不管对方如何狡辩，只要我们有确凿的证据，他就不得不俯首承认。

但更重要的是必须懂得如何运用这些证据，如果运用不当，证据也会失去效用的。

关于这一点，我们首先要注意的就是：时机是否运用得当？如果事情过了很久，我们才拿出证据来印证，那么证据的价值可能就大大地减低了。

假如我们在提出证据之后，还让对方有充分的时间去考虑，也是不妥当的。因为这样不是又让他获得了一个答辩的机会吗？

那么，证据要同时提出还是逐项提出来呢？这个问题我们不能一概而论，必须看证据的价值以及当时的状况来决定。

至于我们握有的证据究竟有多少，绝不能让对方知道。尤其是当你只有少许证据的时候，更要绝对保密。总之，证据是一种秘密武器，证据越少越要珍惜，否则失败的将是你而不是对方。

不到决定性的时候，不要让对方知道，或者显露自己手中的证据。

你必须一面静听对方的陈述，一面在暗中对照证据；同时，也要考虑对方手中证据的可靠性，使紧握在手上的证据能运用得恰到好处。

以上所说的方法，到底使用哪一种比较好呢？当然，这要看对方的情况而定了。有时不能只用一种方法，必须综合运用多种方法才能收到效果。

第七章 破解谎言——看清说谎者的面目

"请君入瓮"破谎法

我们在过去的经历和现实的生活中，会不断地听到形形色色的谎言，除去那些含着善意与美好情感的谎言、那些因为礼貌不得不说谎以外，绝大多数谎言对我们的欺骗都会使我们蒙受损失或受到伤害，当别人用谎言与欺骗对待我们的时候，我们应该怎样对待呢？

我们相信绝大多数人都会同意用"以其人之道，还治其人之身"的方式对付那些撒谎的骗子。比如奥古斯汀就认为以谎治谎，就像以抢劫回击抢劫，用亵渎回击亵渎。他还进一步认为必须以牙还牙，以坏对坏，以幼稚对幼稚，有时势必接受较低的价值标准，就像一个神志不清的母亲提出这样一个问题："我应该反咬我孩子一口吗？"这种行为就极端荒谬了。当然也有人不太同意这种方式。

奥古斯汀为奥古斯汀，我们没有必要对他那一套理论奉若神明，他是在一个哲学的层面上讨论谎言与欺骗，同世俗生活几乎没有什么直接的联系，而我们大多数人都生活在实实在在的人世生活之中。

母亲反咬孩子一口，当然不行，对于那些蓄意欺骗我们的谎言，我们采取适当的反击完全是有必要的。这不仅是为了讨回公道，更重要的，它可以使我们所生活的人际环境更加安全可靠。试想我们在生活中，一天到晚疲于识别、防备谎言，听到的每一句话都必须再三掂量、推敲之后才能相信，那是一种多么不愉快的境况。

相反，我们不再一味地宽容、厚道，而对造谎者以牙还牙，以谎治谎，让他也尝一尝被欺骗、被蒙蔽的苦头，让他知道撒谎骗人的坏处，不仅会使我们自己被愚弄的情感得到一种平衡，也使对方获得某种教训。

有这样一个例子：

一位在市场上多次受骗的顾客，他连续几次从一个商人手中买来的古玩都是假货，到最后他忍无可忍，便带了一张假钞到市场上，从那个卖假古玩的商人手中买走了一件东西，掉头离去。假钞马上被那位商人识别出来，他追上顾客欲同他讲理。

顾客说："你卖给我的古玩也全是假的！"

商人有口难辩，只好自认倒霉。

阿杰的朋友还给阿杰讲过这样一个故事：

他上大学时，住的是六个人一间的集体宿舍，其中一位老兄喜欢用谎言搞恶作剧，有时候在楼下用传呼器让人下楼接子虚乌有的电话；有时让人在宿舍里等着老师前来托付事情；有时候拿几张过期的电影票做做手脚骗大家去看电影，结果在电影院查票口被查票时露出马脚，大家一顿羞臊……

由于这位老兄骗术高明，同宿舍的人几乎都受过他的骗。一时间，搞得人人自危，谁说的话都疑心三分。

后来，大家的精神紧张得实在受不了了，而那位老兄对警告、劝诫一概不听。大家商议之后，决定教训他一下。

此时，这位造谎老兄正暗恋着班里一名淑女，为之朝思暮想、辗转反侧，还多次设法接近那位女生，但终因关键时怯懦，没能取得实质性进展。

一天，那位老兄在宿舍沉思默想，同屋一位同学告诉他，他暗恋着的那位淑女已有男朋友了。这话不啻晴天一声霹雳，把这位老兄震呆了，好

第七章 破解谎言——看清说谎者的面目

半天说不出半句话来,平素说谎时那种神采飞扬的劲头荡然无存了。

为了让他坚信事实,室友拽着他到了一家咖啡馆门口,让他从窗户里往内瞧,这位老兄看见自己心中圣洁、美丽的小仙女正同一个相貌英俊的男生喝咖啡,二人有说有笑,俨然一对热恋中的情侣。

回到宿舍,这位老兄一言不发,倒捧着一本小说发愣,一连几天寝食不宁。

宿舍里为此安宁了好几天。

终于有一天,大家问起他的爱情计划,他只是凄然一笑,一副慨叹"落花有意,流水无情"的哀情。

大家觉得又好笑、又可怜,把实情告诉了他:那天同他心上人喝咖啡的不是别人,正是同宿舍里的一位同学,他的父亲在一家电视制作中心做化妆师,改头换面巧夺天工,这位同学当时的英俊面孔正是偷学父亲手艺的成果。正说着话,这位同学取出化妆后的照片让那位撒谎师兄看,果然丝毫不差。当时这位同学以班级干部的名义约请那位担任系干事的女生商谈元旦演出的事,一些亲热的举动都是男生一厢情愿装出来的,只不过在咖啡馆的音乐、灯光与气氛里,别人看不出破绽。

揭发这些细节之后,大家告诉他,几天的痛苦折磨煎熬是他多次造谎欺骗大家所应得的惩罚,并让他记着这次教训,以后诚实待人。

果然,这事以后,那位老兄再也不造谎骗人,同宿舍的人也觉得安全多了。

推门见山破谎法

有人问一个淘金工,怎样获得金子?淘金工说:"金子就在那儿,你把沙子去掉后,剩下的自然就是金子。"

这个回答颇有一种"禅"的意味,它指明了我们在生活中求真求善的最佳方式与途径。

我们都知道,我们来到这个世界上,并不是为了虚妄地度过一生,我们需要切切实实地为世界留下些什么,或者是思想,或者是情感,在付出的同时,我们也渴望获得和拥有一份真实,我们易感的心灵不会为虚假的感情激动,我们的眼、耳、鼻、舌、身都不是为那些虚假的东西而存在的。无法想象我们有一天听到与看到的全是假东西,那将是多么令人沮丧的情境!

有一句西方谚语说:"当真理还在穿鞋的时候,谎言已跑出老远了。"不管你愿不愿意面对,事实上,我们的现实生活中早已充斥着大量的谎言,我们无法回避它们,必须每天去面对、去听、去看、去感觉,甚至是不得不耐着性子地听和看。怎么办呢?

像女孩子们撒娇时那样捂着耳朵说"我不听我不听"吗?

像小孩子们不高兴时那样蒙上眼睛说"我不看我不看"吗?

这样的举动当然是可笑的。

一个成熟而富有健全理性的人会以一种平常的心态来看待这些谎言,不管它是为了何种目的而说,要知道,任何谎言都不会是无缘无故的,面

第七章 破解谎言——看清说谎者的面目

对一些特殊的情境撒谎，也可以说是人之常情。因此，要会坦然地面对一切，而且，随时保持清醒的头脑，不为谎言所迷惑。大家都很熟悉的那个老洛克菲勒的故事是这样：

一天，老洛克菲勒在家中和小孙子玩得十分高兴，小孙子在屋子里跑来跑去。老洛克菲勒把小孙子抱到窗台上，使劲地鼓励他往下跳，并张开手臂做出接护的姿势。小孙子受到鼓励，从窗台上纵身向下一跳，洛克菲勒接住了他，然后又一次将小孙子抱上窗台，再次鼓励他往下跳，并仍旧伸手做出接他的动作。小孙子有了上一次的经验，觉得这样很好玩，毫不犹豫地跳下。但这一次，老洛克菲勒突然缩回双手。小孙子"乒"的一声摔在地板上，痛得失声大哭。

这时，一位宾客正好从旁经过，目睹此情此景，十分惊讶，便走上前去询问这位大亨何以如此对待自己的孙子。

老洛克菲勒笑着说："我要让他从小就知道，任何人的话都不可以轻信，包括自己的爷爷。"

好一个洛克菲勒！他把自己一生纵横商界得出的最精辟的为人处世之道，以如此简单明白的方式道出，实在令人震惊而又钦佩。

把谎言作为人类生活中一个重要组成部分来正视它，的确有益于我们建设自身、保护自我。俗话说："害人之心不可有，防人之心不可无。人无打虎心，虎有伤人意。"如果我们在同人相处时，心中先存几分戒心，那么世界上绝大多数骗局都将被识破。但可惜的是，我们很多人自幼受的教育并不是要我们存有防人之心，而是被灌输了许多不恰当的"人与人之间应互相信任"、"人性是善良美好"的观念，所以，很多人就此轻易地上当受骗。

计中设计识谎言

中国的武术从来不讲究以蛮力取胜，而推崇用巧克力敌，所以素有"四两拨千斤"之说。"四两拨千斤"的奥妙即在于借力打人。

如果把谎言也看成是具有危害性的力量，当它们向我们施展它的危害和威力时，我们同样可以借用中国武术中借力打人的技巧化害为利，使谎言成为制伏对方的绝妙手段，甚至，使自己转败为胜、转危为安，变被动为主动。

这种办法在战争和其他一些存在着激烈竞争的场合被频繁地使用，人们把它叫作"将计就计"。

在中国古代，这是最常见的一种计谋。

南宋时期，岳飞奉朝廷之命到洞庭湖收剿起义的杨么，军队驻扎在洞庭湖畔。第二天来了两员将领，声称是杨么手下部将，因慑服于岳家军的声威，特来投降的，并带给岳飞许多有关杨么的军事情报。

岳飞安置好了二人，便一心一意训练部队。训练中两名降将表现得十分出色，岳飞便把二人都提为总兵之职，让他们带领军队。同时把作战计划告诉二人，声明中秋节全军休整，中秋节后即发兵攻打杨么的水寨。

中秋节之夜，岳飞命人带着另外一支军队突袭杨的水寨，寨中军队毫无防备，岳军长驱直入，杨么被打得大败。

原来，岳飞第一次就看出二位降将是诈降，借机来刺探自己军事情报的，便将计就计，把虚假的情报告诉二人让他们把假情报送回去，麻痹对方,然后趁机突然袭击。以最少的力量牵制对方军队,使其按自己部署行动,这种巧用谎言诈术的手段也成为借力打人的奇效的典范。

将计就计最关键的两个环节首先是识破对方的谎言,然后让对方相信自己已被他的谎言骗住了,这样,才可能行使计谋。如果不能识破对方的谎言,就会被对方欺骗;如果不能使对方确信自己已经受骗,对方就会起防备之心,再使计谋就达不到效果了。

识破对方的谎言固然需要智慧、需要机敏,但稍微具备防骗意识和警惕性的人几乎都可以做到。困难在于如何装出一副已受骗的模样来,这是将计就计的关键,那种大智若愚、装傻弄痴的样子可不是人人都能做得天衣无缝的,它需要更加周密的思考、精心的策划、巧妙的掩饰与装扮。因此,它对一个人的心智提出更高的要求。

以谎试谎法

无论你是一个普通老百姓,还是一个大机关、大公司的领导,你必须时时刻刻同人打交道,因此,在你的生活中,识别一个人是否诚实可靠,是否忠厚善良,是否可以托付要事,是否可以分享秘密,这是非常重要的。

俗话说:"人心隔肚皮,外表看不清。"俗话又说:"画虎画皮难画骨,知人知面不知心。"人心难测,识别一个人并不容易。古人讲了很多识别人的理论和方法,比如托付事情让某人去做,以此看他的能力;告之以秘密,考验他口风是否牢靠;让他饮酒过量,了解他自持能力如何;惹他发火,看他的容人之量;利用女色引诱,看他品行是否端正;用钱财测试他的义利取舍……

诸如此类的办法还有许多,应该说,这些办法也是有效的。

但识别一个人是否诚实,最好的办法是什么呢?那就是谎言。

我们前面讲过的赵高,他的指鹿为马的故事,就是一个典型的利用谎言测试别人对自己忠诚度的例子。

这种办法在许多心理测试中也经常使用,比如有这么一个性格测试表格,它在开始时告诉你,这是有关你近代知识方面的教养的测试,请你用"是"、"不是"、"不知道"来回答。又在括弧中称:如果"是"较多的话,则显示出你的教养度较高。

表格中的问题涉及文、史、哲、地理、历法、数学、政治、体育以及时尚,比如它有这样的问题:你听过贝多芬的乐曲吗?你听过肖邦的乐曲吗?你知道萨特这个人吗?也有这样的问题:你读过萨特的《欧洲的没落》吗?你听过肖邦的《悲哀华尔兹》吗?前者很多人都知道,而后者则鲜为人知,如果你比较诚实,就会给予否定的答案,如果你有造谎的倾向,你可能会给肯定的答案,以此显示自己的教养和知识面。

但事实上这是个圈套,后者所提及的萨特的书和肖邦的乐曲纯属子虚乌有,完全是凭空杜撰出来的,本身就是谎言,你对谎言持有肯定的态度,当然说明你有撒谎的习性与倾向。

当然,这是使用诡计对人们的心理进行测验。德国的心理学家们认为这是一种无视人格的测试,因此非常反对。

有这样一件事,一对相爱多年的恋人,感情十分深厚,已到了谈论婚嫁的时候了,但姑娘对小伙子仍心存疑虑,不知他究竟爱自己到什么程度,一直想考验一下小伙子。

一天,二人去郊游,在小树林中突然钻出几名恶狠狠的抢匪,手持匕首、棍棒要男的交出钱财。

小伙子非常镇静地掩护着姑娘,毫不犹豫地交出了自己的钱包,又交出了照相机、手表,抢匪拿到财物后,并不满足,指了指姑娘说:"把她留下,你要想活命的话,赶快滚!"

小伙子怒不可遏,朝最近的一名抢匪挥动了拳头,几个人立刻打成了一团。就在小伙子夺过匕首,举起要向一人刺下的时候,姑娘在一旁高喊道:"你们快住手,行了,行了。"

几名抢匪立刻扔下手中器械,跳到一边笑着对小伙子说:"哥儿们,够意思,祝贺你顺利通过考验。"

姑娘也笑着迎上来。

小伙子一下没明白怎么回事,愣怔了好一阵子,当他完全清醒过来后,一种羞辱感涌上心头,甩手给了姑娘几个耳光,掉头而去。

于是,一桩好好的婚姻转眼间烟消云散。这个愚蠢的姑娘本指望用谎言试探一下情郎,却没有考虑这样做会伤害对方的感情,以至于闹得鸡飞蛋打。

从这个角度看,用谎言测试人心,试探别人的态度与反应,更应该慎重才是。

"不告诉"就是告诉

凡是会说"你不要告诉别人,我只告诉你……"的人,对其他的人也一定会这么说,所以很容易泄密。再说得更具体一点,就是因为他们会冲动地想把某种秘密告诉别人，所以才会特别强调"不要告诉别人"、"我只告诉你"，故意说出这种话。

一个人若知道他人不知道的秘密，要其隐藏在心中并不容易，通常都有"告诉别人"的冲动，其理由如下：

第一，因为自己一人保守秘密，负担太重，所以想借泄密的方法卸下心中的重担。

第二，把自己知道的独家秘密向他人炫耀的幼稚性格。此外，也有向特定人物泄密，以博得对方欢心的欲望。

无论基于哪一种理由，都是泄密者"神经质的心理"作用，明知不该泄露，却又忍不住，若他们泄密的内容，只关系到个人，顶多只会破坏与当事人的关系；但若是机关或企业人士，泄露了非常的秘密，就很可能破坏了工作单位中重要的人际关系，不仅事关个人，还会影响到整个组织。

为避免不负责任者泄露秘密，首先必须确立自己是组织中的一员的同一性。

一个想泄密的人，即使上司再三交代"这个秘密不可以泄露"，在其同一性尚未培养成熟时，便可能因意志薄弱而泄密。相反，已确立对组织同一性的人，亦即精神上已经成熟、具社会性的成人，在泄露重要事项前，会先考虑泄露的后果，考虑对他人带来的影响，同时也考虑人际关系会产生的变化、对组织的影响，经过深思熟虑后才敢说出。

此外，在上班族的生涯中，个人的隐私、微妙的人际关系，往往也会形成种种是非，如果泄露的秘密无关紧要，较为无妨，但泄密的内容往往会成为他人对你人格的考验。

我们聆听别人诉说秘密时，当然不好意思拒绝，但你至少应该了解对方说这话的用意。

第八章　明辨爱情
——什么是对方的真实情感

我们常像喜欢偶像一样钟情于一个人。那时候觉得对方什么都好，似乎能够拯救你孤单的灵魂，能陪你一起过所有你想要的生活。然而有时这种最初的崇拜，却往往会把我们带进阴沟。请注意，无论一个人是公主、是王子、是花魁、还是才子，他都会有不为人知，极力伪装的一面。

他喜欢你的征兆

你喜欢和他在一起,他一出现你的心就怦怦跳,既羞涩又兴奋。可是,他对你是什么感觉?你该主动出击还是矜持为佳?事实上,你完全可以在日常相处的细节中看出来。

(1)碰到事情主动找你商量,征求你的意见,重大事情主动请你拿主意、想办法。

(2)喜欢看你的影集,关心影集上年轻异性的照片,还常常提一些稀奇古怪的问题让你回答。

(3)开始关注你的异性朋友、同事,并试图接触、了解他们,如果失败,会产生许多猜疑、嫉妒甚至怨恨。

(4)千方百计打听你过去的情况及你家人的情况。尤其对你的隐私特别感兴趣。

(5)向别人介绍你时,往往夸大你的优点、长处,缩小或隐瞒你的缺点、错误,甚至把你的缺点也当成优点加以张扬。

(6)因公外出或开会学习,总忘不了带给你一些小小的礼品、纪念品之类的东西。

(7)对你的生日记得最清楚,并在这一天常常会为你创造一些节日气

第八章 明辨爱情——什么是对方的真实情感

氛或惊喜。

（8）情人节这天，他一定会送给你玫瑰花并约你外出狂欢。如你拒绝，他肯定会不高兴的。

（9）希望每天都能接到你的电话，如果没有，他会失望、焦躁不安。

（10）什么事总是向着你，当你与别人争吵时，即使你错了，他也会站在你的一边。

（11）当自己取得了成绩，哪怕是一点小小的进步，他都会欢天喜地的首先向你报告，并请你分享其中的幸福。

（12）在工作、学习、生活中遇到失败或挫折时，他会主动向你求援。对一些难以启齿的隐私问题，你是他首选的倾诉对象，而且对你的意见、建议会特别尊重。

（13）如果对方性格内向，不善言辞，待人接物彬彬有礼，沉稳得体，很注意分寸，而与你在一起时却又无拘无束、大大咧咧的，一天到晚似乎有谈不完的心说不尽的话，那么，这就明确表示对方已深深地喜欢上了你。

（14）经常过问你本人及家人的事情，并自觉不自觉地"参政"：提意见、建议、想办法，能够帮上忙的，总是慷慨相助，尽力而为。

（15）在一些无关紧要的问题上，你说东他说西，常常与你唱反调，以寻开心。

（16）总是想方设法创造机会与你见面，增加见面的次数，哪怕一次见面几分钟也好。

（17）对你的工作、学习、生活情况极为关心，甚至对你的兴趣爱好也特别感兴趣。

（18）主动向家人、亲友、同事、同乡等介绍你的各方面情况，并"先入为主"地加以评论。

（19）经常向你借书看，有时借的书连翻都没翻又还给你了，还说这本书怎么怎么好。

（20）开始注意你的服饰打扮，如果你不修边幅，他会时常提醒你。

（21）对你吸烟、酗酒、赌博等不良习气，能直截了当地提出批评，有时甚至加以干涉。

（22）对你提出的合情合理的要求，不拒绝，也不立刻答应，而是在实践中予以满足。

（23）在你情绪低落时，他会为你打气撑腰；要是你太狂热了，他又会过来向你泼泼冷水。

（24）逢年过节或遇上他家有重大喜事，主动邀请你上他家玩，购买礼品时多数不让你付钱，而又借你的名义。

（25）购买了新的服装、做了新的发型，会高高兴兴地向你报告，最希望听到你的赞美，如果你心不在焉的话，他肯定会生气的。

（26）对于你的约会，一般都能准时赴约，如果因特殊情况不能到达，定会提前通知你，或请你改变时间和地点，以免让你久等。

（27）如果对方是姑娘、接受了你赠送的香水，那就很有眉目了，因为香水蕴含着"香甜的姻缘沁心脾"之美意。

当然，以上爱的信号不可能同时发生，但只要发出5个及5个以上的信号，你就可以大胆进攻了。

第八章 明辨爱情——什么是对方的真实情感

看透男人的一张张脸

人，尤其是男人，是一种很理性的动物，然而，"人非圣僧，孰能无情"？男人只要活着，就免不了会散发出感性的色彩，这种感性，就来源于他们内心波动的心理变化。女人与男人交往、交流，纵然对方颇具绅士风度，但我们也该谨慎为妙，倘若一句话没有说对或一个举动引起了对方的反感，下面的沟通必然就会受到层层的阻碍。

女人想要了解男人，这不是一个简单的课题。记得一位哲学家曾经说过："人不可能踏进同一条河流。"的确，人与人之间即便有着很相近的地方，但绝不可能一模一样。你对面的那个男人，他心里在想着什么、他有什么样的心思，这不能单靠主观臆断去轻易下结论。更何况，很多男人生性就善于伪装，一言一行、举手投足都颇具城府，这样的人，单凭交谈我们很难洞悉他们的真实意图。因此，如果是聪明的女人，她们往往就会将心思花在观察男人的细节上，而表情上细微的变化也就顺理成章地成了她们参透男人心的重要参考依据。

这是因为，即便是一个理性的男人，他能控制自己的语言和行动，但却很难控制自己的表情，即便他们通过心理暗示等诸多手段实行缓和、抑制，但也难做好喜怒丝毫不形于色。其实完全可以这样说，表情就是一个人内心的晴雨表，男人的内心是阴是晴，是喜是怒是哀是乐，都会准确地通过面部表情反映出来，我们只要能在第一时间抓住这些信息，就能够判断出对方当下的情绪状态，就可以敏锐地分析出自己下一步的应对策略，找到攻破对方内心防线的突破口，从而在相对和谐的交流氛围中解决想要解决的问题。

　　有这样一位聪明姑娘，她叫苏芷格，熟悉她的人都说她看人看得很准，一个人只要在她面前坐上个把小时，其性格、当下的心情，对待感情的专一程度等各种信息就已经被她摸得八九不离十。

　　一次，家里给苏芷格介绍了一个对象，两人只见了一面，苏芷格便连连摇头。当媒人追问缘由时，她说出了自己的想法："他当时情绪烦躁，虽然长得不错，说话也很客气，但脸上总是一副紧张兮兮的表情，时不时地还会皱起眉头。我可以感觉到，他并不是对我多么反感、多么不耐烦，这应该只是他生活中的一种惯用表情。而惯用这种表情的人，性格应该非常浮躁。当然，还有一种可能就是，当天他确实遇到了一些烦心事，也许是因为初次见面，他也不愿意多说，但那种烦躁的心情我却看在眼里。当时我换了个话题，问他工作是不是很忙，并适时抱怨了一下生活的不易，但他并没有太多回应，只是勉强一笑。由此可见，他的烦恼并不是来自工作压力。他的情绪一直难以平定，我也不想再做过多猜测，只是随便应付罢了，总的来说，相处、交谈的过程还算和谐，但维系起来却让我感觉非常吃力。总而言之，我觉得和这样的男人在一起，时间久了一定会很累。要知道，这是第一次见面，他的情绪就那么烦躁，并且还是在自我抑制的情况下，如果两个人真的在一起，不需要太多伪装，那么他发起脾气来，我必然是难以忍受的。"

第八章 明辨爱情——什么是对方的真实情感

事实证明，苏芷格的推测的确没错，之后，这个男孩又被介绍给其他人，起初两人相处得还算和谐，但之后男孩儿的暴躁脾气就显现出来，他经常因为难以控制的火暴脾气而大吼大嚷，时不时地还会砸坏手里的东西，两人仅仅相处3个月，光手机就摔坏了3个。更甚的是，到后来，男孩的脾气不断升级，由大吵大嚷变成大打出手，时不时地对女孩儿施暴。尽管事后他也非常后悔，会主动向女孩儿承认错误，但那占火就着的脾气却始终控制不了。最后，那个女孩实在无法忍受，毅然与他分手了。每每谈起此事，女孩总是说苏芷格的眼睛比自己好用得多，不但可以有效地控制对方情绪，在大局上抑制对方暴躁的秉性，又可以果断撤退，在最快时间将自己淡出对方视线，有效规避了自己遭遇的一切。

人们常说："表情是内心的晴雨表。"这话说得一点没错。通过一个人的表情，我们不但可以判断出对方性格，而且还可以清楚地知道对方当下的心情如何——一个人如果正值春风得意之际，必定会双眉舒展、面带笑容；一个人若是正走背运，就会眉头紧锁，面露哀愁；如果是怒火中烧，一般来说会脸红脖子粗，面部肌肉抽搐不止，双眉竖立、咬牙切齿；如果是有愧于心，也许会脸热心跳，呼吸急促，两耳发热，脸上多半会出汗，所谓"汗颜"就是这个意思；如果是恐惧，通常会脸色苍白，体温尤其是皮肤温度下降，呼吸不畅，嘴唇颤抖，等等。由此可见，表情的确可以反映一个人的内心世界，整个波动的过程在这张晴雨表上必然会得到相当完美的体现。

当然，一千张脸必然会有着上万种微妙的表情，想识破世间的每一张脸是需要相当高的悟性和阅历的。大家都是凡人，每天还要工作生活，再聪明的女人也不会愚蠢到将自己全部的时间精力都耗费在研究别人的表情上。之所以在关键时刻可以精准地做出判断,主要还是抓住了大概的几个关键点。那么,这些关键点究竟是什么呢?现在就略说一二,希望对大家有所参考:

(1)神情紧张,或许是因为太过重视

有些人在生活中初次见面会产生一种局促不安的感觉。他们脸微红,说话有些磕磕巴巴,身子常常会微微颤抖,手指紧握,不停玩弄一些小东西。在很多人眼里这样的人是经不起事儿的,见个人都那么紧张,因此不愿意过多地与他们交流,而事实并不是这样。

很多人在生活中甚至遇到一些相当紧急的事情时都会做事不乱,唯独在面对自己青睐的对象时会局促不安,不知道手应该放到哪里。之所以交谈的时候是如此紧张,关键在于他对于你存在着某种感情纠葛,过于在意你对他的看法,因此很难抑制情绪坦然面对。面对这样的人,聪明的女人会采取一种宽容的态度,帮助对方舒缓紧张情绪,一旦对方心绪稳定,情绪放开,确定你对他没有敌意和反感,整个交流就变得轻松融洽了。

(2)阳光灿烂,来时汹涌去时快

有些人每天都给人一种阳光灿烂、魅力四射的感觉,他们的脸上总是带着热情的微笑,每一个动作都极优雅大方。初次见面就表现出极为洒脱的一面,言语风趣幽默,滔滔不绝。不得不承认这样的人是有魅力的,他能够在第一时间赢得他人的好感和青睐,但同时也给两个人未来的相处带来诸多隐患。

生性乐观的人,对于自己感兴趣的人会在一瞬间倾注自己所有的心思,但其耐力却难以持久。之所以会接近某个人,主要是在对方身上有一些他们渴望弄明白的事情。当这种猎奇心态在不断地交往中得到了满足,他的兴趣

第八章 明辨爱情——什么是对方的真实情感

也就随之慢慢平淡了下来，只要当其认为你的身上已经没有任何新意，便会渐渐将目光瞄向别人，走的时候也休想指望他能对谁有任何怀念。

对于这样的人，聪明女人一定要把握两点原则，如果你确定这个人对你很有吸引力，那么最好能够时刻保持交往的新鲜感，与其见面尽量不要过于频繁，以免因为见得太多而让其感觉到视觉和心理上的乏味。如果确定自己并不想与其进行更深入的沟通，自己也确实没有那个能力对其长时间地保持新鲜状态，那就不如提早做好心理准备，以免结果出来产生自我心理落差，适时保持忽远忽近、刚刚好的距离，不为此人产生过大的情绪波动，也有效避免了自己今后内心的波折伤害。

（3）冷静严肃，酷爱刨根问底

有些人常常表情淡定，给人一种严肃的感觉，抿嘴皱眉，双眼紧紧跟随着你，关注着你的一举一动，像是要把你从外到里看个透彻，活像个侦探。有些人会觉得，外表冷峻的人是因为内心执着，而且非常自信。可事实上其间有很大一部分人是因为对身边的人有着多种质疑，而且内心防御意识相当强烈，所以才会有意摆出这样的架势。

由于对别人不信任，因此心里总是不安心，常常有意无意地刨根问底，像侦探一样去研究别人，验证别人。除非真的确定此人可靠，否则绝对不会停下自己考证的脚步，更不会向你敞开心扉。面对他的这一行为，聪明女人可以采取既不过多辩解，也不急于表白的态度，他想说就做个安静的倾听者，适时给予一些回应。不想说也不用多问，以免他因为这件事情自我纠结，又开始琢磨你下一步要对他采取什么行动。对于这种人，明白究竟想要什么是很重要的，只有摸透对方的心思才能切实有效地判断出下一步自己要做的事情。

男人怎样看待恋爱和婚姻？

恋爱中的女人经常会问男人这样的问题："你会不会娶我？你会不会和我结婚？"几乎所有恋爱中的女人想知道一个确切的答案。不管男人说的是不是真话，只要听到肯定的回答，女人就会幸福得像吃了蜜一样，马上就变得很乖很妩媚，像个被收留的孩子。在男人眼里，这样的问题未免幼稚。女人就是天生的听觉动物，一个简单的回应就有可能让女人付出全部，这不免让男人在心里偷偷发笑。

对于女人来说，恋爱的目的很单纯，就是为了结婚。如果你到最后不肯娶我，或者，还没有决定要和我生活一辈子，我有什么理由安心地和你在一起呢？女人的青春有限，因此不得不珍惜，当然想把自己最珍贵的年华送给那个愿意陪伴自己一生的男人了。女人是感性的动物，太过于注重感情，把爱情当作一生的赌注，而不能像男人那样理智地取舍爱情。

男人看上了你的外表，喜欢你做的一手好菜，或者说，沉迷于你的可爱，都有可能毫不犹豫地跟你谈一场风花雪月的恋爱。但是最后，他可能会很理智地抛弃你。有很多男人，婚前生活都很自由主义，不止有过一个女朋友，只有结婚以后才会变得收敛自己的风流，开始认真地和身边的女人过生活。不难看出，在男人心里，恋爱和结婚其实是两回事。结婚不一定要以恋爱为基础，恋爱了也不一定要结婚。错就错在女人身上，是女人把恋爱和结婚联系得太紧密了，以致为自己编织了一个牢笼，把自己关在了里面，而男人则在外面逍遥。

在恋爱中，女人的幸福感比较强，而结婚后，男人则能更多地感到幸福。所以，男人恋爱的时候会选择一个自己喜欢的女人，而结婚时，却会选择一个持家贤惠的女人。

25岁的薛艳华因为情感问题，去找了情感专家做咨询。和男友相恋了四年之后，男友居然无情地抛开了她，娶了一个大他两岁的女人。这样的举动让薛艳华怎么也想不通。这个比男友大两岁的女人一直都被男友亲切地叫作姐姐，为人贤惠温柔，也很端庄典雅，男友很多事情都会找她帮忙解决。可是，这姐姐的身份未免转换太快了吧，男友明明喜欢的是自己，可为什么最终却选择了别人？薛艳华觉得很苦恼，有一种被骗的感觉。

而情感专家告诉她，男友这种行为并不难解释。因为男人可以没有爱情，或者说男人更懂得取舍，能够理性地选择婚姻，而不像女人那样为爱痴狂。在爱情的取舍问题上，男人是绝对理性的动物。

难道男人就真的一点情面都没有？那我们就来看看恋爱中的男人和结婚的男人，对身边的女人都有哪些不同吧。

首先，恋爱时期，男人会把女人当上帝一样宠着，你想要什么他就会给什么。然而，面对婚姻，男人绝对不能接受被妻子呼来唤去，做一个老实服帖的"妻管严"。恋爱时期的男人，也是追求浪漫的，总希望把最美的一面展现给恋人，唯恐恋人对自己有半分的不满意。他希望体现自己的彬彬有礼、修养和素质，表现得像一个最优秀的男人。女人想买什么东西，他绝对不会嫌那东西难买或者很贵，直接就掏腰包，不管有多远的距离，立马照办。然而，婚后的男人，有哪个能这样对自己的老婆呢？在男人看来，恋爱是浪漫的，结婚则是绝对的现实。

其次，男人选恋爱对象就像选外套，专挑漂亮好看的，而挑老婆却像选鞋子，会挑舒适贴心的。自古英雄难过美人关，在恋爱时期，有人给自己介绍女友的时候，男人最想知道的就是，那人是不是个美女，如果是才会考虑交往。而在选结婚对象的时候就完全不是这个标准，男人首先想到的是这个女人会不会勤俭持家。很多男人为了事业的攀升或者为了地位的提升而选择结婚对象，看中的是这个女人将来带给自己的实际意义，而不仅仅只看她的外表。

再次，男人很会把握恋爱的尺寸。恋爱中的男人往往只是献出自己三分的真心，只有等结婚后，男人才会为了家全心全意付出。女人相对来说就傻多了，在恋爱中总是奉献自己的全部，到头来男人一走了之，给自己一个措手不及。在男人眼里，只有完全确定决定了要在一起相守一生的时候，才会奋不顾身，要不然，一切都显得没有必要。

在男人看来，恋爱只是讲究一个浪漫，一个享受恋爱的过程，最重要的是感觉。恋爱的对象越漂亮越好，越浪漫越来劲，结果并不是重要的。选择和哪个女人居家过日子却是十分现实的问题，当然要另做打算，必须要做到一点都不影响自己的人生幸福。在恋爱中，女人往往过于依赖男人，而忽略了男人内心最真实的想法。等到发现以后为时已晚，男人早狠心抛下自己，成了别人枕边安睡的丈夫了。

恋爱中的女人要多留个心眼，这个男人到底是爱上了你的风情万种，还是踏踏实实地想要和你过日子？或者说，这个男人和你恋爱的目的是不是为了结婚？女人不妨也学得现实点，跟男人学学理智地处理和对待爱情。要知道，在男人眼中，恋爱和婚姻根本不是一回事儿。

"逆向思维"看男人

狐狸躲避猎人，看见一个伐木人便请求把他藏起来。伐木人叫狐狸到他的茅屋里去躲着。过了不久，猎人赶到了，问伐木人看见狐狸没有。伐木人一面嘴里说没看见，一面打手势，暗示狐狸藏在什么地方。但是，猎人没有注意到他的手势，却相信了他的话。狐狸见猎人走了，便从茅屋里出来，不打招呼就要走。伐木人责备狐狸，说他保全了性命，却连一点谢意都不表示。狐狸回答说："假如你的手势和你的语言是一致的，我就该感谢你了。"

这只狐狸面对一个人做的好事，并未受到表面的迷惑。对于口里说要行好事，实际上要做坏事的人，有一种很好的识别方法：观其表面之意而做反解，可即刻识破其虚假勾当。逆向思维的角度，能让我们从一个笼罩着光环的好人好事的反面去发现从正面很难看见的背影，从而避免轻信所带来的失误。

生活中不乏这样的例子：一个好端端的女子没能找到一个好丈夫，结果，她的一生永远抹上了一层愁绪。我们经常听到一些女子说："我不在乎他是干什么的，只要他对我好！"这里面确有一些苍凉的味道，同时，也足以证明她们希望能找到一个好丈夫。可是，如何透过婚前男性的美丽光环，看清其本来面目，的确是值得每位待嫁姑娘注意的。

（1）越是有礼貌、言谈中肯的男人，也许婚后越会计较芝麻小事。

最简单的道理，又是最难做的一件事是，我们往往只看到问题的一个方面，而忽略了另一方面。就说有礼貌而言谈中肯的男人吧，一般姑娘以及姑娘家中大人都把这一点看到眼里，喜在心上，因为他们知道这种男人知书达理，今后生活也是靠得住的。这样的推断，从一个角度看是对的，换一个角度呢？他们的优点又恰好成了他们的缺点，因为这类男人，他们不仅情感细腻，而且对任何一件事，任何一样东西有时候也是细腻的。比方说，他们会要你穿这件衣服，而不穿那件；他们会对你无意中说的一句话，深深记在心中，或加以分析；他们会因你去参加了单位组织的一场舞会而独自生闷气，或干脆暴跳如雷；他们会因叫你买蓝色窗帘而你偏偏按自己的审美观点买了绿色的，于是喋喋不休地唠叨个没完……生活里的每一个细节，他们几乎都要插手干涉，和这样的男性生活在一起，显然会经常产生矛盾，发生口角。在离婚卷宗里，不少是因为女方无法忍受丈夫细腻到近乎刻薄而导致离婚的。

（2）对自己的修饰过分讲究的男人可能有自私的动机和忽略女性的倾向。

有些男人爱过分地打扮自己，纯属一种自恋，也许是因为他们太爱自己了，所以，就顾不上爱别人，甚至是自己的爱妻。有位十分有风韵的中年女子对我讲，她的丈夫很有风度，既会买衣服，又会搭配着穿，可是，他对她和孩子却没有表现出应有的热情。她的丈夫我认识，有次我半开玩笑地问："你妻子又漂亮又温存，你爱她吗？"他微微一笑，说："我爱我

第八章　明辨爱情——什么是对方的真实情感

自己都爱不及呢！"我不怀疑他说的是真话，因为平时我注意到，大家在一块兴趣盎然地谈老婆、谈孩子、谈家庭，他在一旁却神情淡然。这种男性，大约不单是为了想吸引女性，可能也是一种自我满足和自我表现吧。

（3）过分体贴异性的男人，说不定婚后容易变得专横霸道。

在这一点上，时间很重要。在你未成他妻子之前和你已经成了他妻子之后，时间把他割成两个人。我们不能简单地说这种男性是骗子，但是，他们对你的殷勤、百依百顺，又确实是为了达到目的而采取的一种本能的手段。那么，在婚后，他的态度也许就会随着时间的流逝而日渐改变，直到从前的温柔体贴全部烟消云散，剩下的，或者说能取代的，就只有"大男子主义"和身体力量的再现以及态度上的专横跋扈了。

什么样的动机，产生什么样的结果，这是必然的。

（4）喜欢夸耀自己的男人，往往个性偏向歇斯底里且虚荣心强。

有不少男青年在恋爱对象面前不甘寂寞，喜欢神采飞扬地夸大自己：是某某重点大学毕业的啦，在某某机关坐办公室，月薪近6000元，单位人如何评价他有才能、机智啦……一切都被拔高拉长了，而这种光环又最容易令姑娘心旷神怡，倍感自豪。其实，越是这样一流的男性，就越有可能是一个三流的可怜公民，他们的虚荣心极强，自私又任性，情绪上极不稳定。这种个性在心理学上称为歇斯底里性格。此类型的男人由于内心是自卑的，是虚脱的，因而也就是无力的，但他们要装潢门面，这样就会不断地去用言行欺骗自己，欺骗别人，那又怎能去关心、体贴别人呢。

（5）犯错误时解释很多的男人婚后夫妻之间容易吵架。

当我们的恋人在约会时间晚到半个小时或一刻钟时，他反反复复地解释是因为什么什么原因才迟到的，这样的人就是没有能力认识错误、承认错误的人。一般人犯错误时，多半有两种反应：一种是立刻向对方认错赔礼，另一种则是先做一番自我解释。前者是个性率直而且比较体谅别人的人，而后者则比较自私，凡事都以自我为中心来行动的人。后者很怕遭到他人的批评，因此，不愿轻易认错。相反，把责任全部往对方身上推。试想，这样没有自知之明的人，他们怎么可能理解妻子？再说，家庭生活没有矛盾是不正常的，也是不可能的。可是，丈夫永远不愿承认自己的不是，永远怪罪妻子，永远是妻子的错，如此个性缺陷，又怎能使家庭和平安宁？

如果说"增减压力"这种正面进攻洞察人心的方法容易引发对抗，并且比较费力，那么从反面下手的办法则有不知不觉与不费吹灰之力的优点。它本身的缺点竟正是它的优点：用这种方法的人往往会陷进"凡事都往坏处想"的泥坑，被人贬斥为"以小人之心，度君子之腹"。

男人爱你才说你"傻"

这几天，我正忙着为"十一"长假好好去海南旅游计划的时候，朋友白小叶气呼呼地砸开了我的家门，我以为他又和女朋友闹别扭到我这儿躲气来了呢。对这种情况我已经见怪不怪了，也就没有放在心上，给他倒了一杯水然后继续进去收拾出行的东西了。

然而当我忙了半个小时后，却发现这个平时总是唠叨的让人烦的男人

第八章 明辨爱情——什么是对方的真实情感

今天一改常态，不但没有追过来对我大发牢骚，竟然坐在那里一言不发。那副表情，让我觉得真的有什么事情发生了。

在我的不断逼问下，白小叶终于说出了实情。原来，今天一大早白小叶就接到了父母的电话，因为父母要离婚。母亲说，她再也忍受不了父亲的大男子主义了，每当遇到什么事情，只要母亲发表意见并坚持自己的意见的时候，父亲总会对母亲说："女人懂什么啊！"然后就一句话不说地自行其是了。这让母亲觉得自己就是一个什么都不懂的笨蛋。

这次父亲和母亲商量着买墓地，结果商量来商量去，却是父亲一句"女人懂什么啊"将之前所有商量的结果都否决了。母亲就是因为父亲这样轻视自己，吵到了离婚，并且还信誓旦旦地说，自己被父亲看不起了一辈子，不想再听了。

白小叶劝了母亲一天也没有劝服，正当烦心之际，女朋友打来电话问过原因，觉得好笑，嘲笑了两句。本就气恼的白小叶抱着电话，毫不客气地对女朋友也说了一句："你就是个笨蛋！"女朋友听了二话没说，挂了电话，白小叶正不知所措呢，五分钟后女朋友又打来了电话，只说了一句话："既然我是个笨蛋，那咱也分手吧！"一时白小叶吓呆了，赶紧回家，找到女朋友，千求万求总算留住了女朋友，却也筋疲力尽了。

他实在想不通为什么只是简单的一句话就让女人这么生气，在他的概念里，"女人懂什么"，明明是男人们毫无意义甚至是爱的表达的话，怎么反倒被老妈、女朋友这样的女人解读出那么些对女人不尊重、看不起女人、大男子主义的意义呢？

其实，这是男女思维上的不同，男人的那句"女人懂什么"不但没有什么瞧不起大男子主义的意思，反而包含了对女人深深的爱意。

白小叶的父亲说，他在遇到事情的时候喜欢对妻子说一句"女人懂什么啊"，其实正是他深深爱着白小叶的母亲的表现。在他的心里，老伴儿一生都在为这个家而操劳，而其实是应该他来保护这个女人，让她一生无忧的，这是自己身为男人的责任。但是，男人的感情是内敛的，不像女人这样想什么就说什么，尤其是上了年纪的男人，想要他把内心深处的爱意表达出来，真是比登天还难。没办法，他们只能以别的方式来表达，那就是故意地说一句"女人懂什么啊"。可是，女人却偏偏不懂。

男人一旦遇到了真爱，有时候会变得笨嘴拙舌。面对自己想要保护的女人的时候，他们却不知道如何表达那份爱，不知道怎么做才能真正地保护这个女人，宁愿采用看似大男子主义的方式，说些瞧不起女人的话。"女人懂什么"很多时候其实是一种更真挚的爱，是一种带有强烈爱情责任感的爱，这种爱更无私，更纯真。男人绝不会轻易对女人说这样的话，他对你说这样的话，那完全是因为爱你，他从内心里绝对不会想要伤害这个女人一点一滴。

在男人看来，"女人懂什么"，更符合心理学上的一种解答，"合理化"的"防卫动机"。在说这句话的时候，其实他内心涌起的更多的是对女人的关爱之情而并非轻视。他们面对自己真心喜欢的女人时，纵使心中的爱比山高比海深却不知道如何表达，在交往一段时间后，并没有得到什么实质性的进展，手足失措和胆怯的他们很苦恼。为了发泄心中的不平与矛盾，他们只好将这类口是心非的论调挂在嘴边以平衡他失望的心理。其实，这像极了女人恋爱中表现出来的言不由衷。

随着时代的发展，女人越来越独立，一些女人对大男子主义的男人非常讨厌。她们认为这种男人不懂得尊重女性，没有尊重就谈不上真爱，女

第八章 明辨爱情——什么是对方的真实情感

人在这种男人眼里仍然和古代时没有什么差别，是没有地位的附属品。所以，现代的女人似乎对某些"蔑视"女性的话很敏感。如果一个男人常常把"女人懂什么"挂在嘴边，这在一个女权主义者看来，这个男人有着严重的大男子主义倾向，是一个很是瞧不起女人的男人。那么，女人最正确的反应就是对这种男人表现出嗤之以鼻，采取不屑理之的态度。

这些女人恰恰不明白，如果一个男人常把"女人懂什么"挂在嘴边，那是爱你的表现。或许你会觉得很不可思议，但这却是千真万确的。男人的爱是做出来的，不是说出来的，他说出来的时候或许是用一种女人不太能接受方式。所以，女人如果遇见一个愿意对你说"女人懂什么"、"傻瓜"、"傻女人"、"傻丫头"的男人的时候，千万不要误会他有大男子主义倾向了，他那是真的爱你的表现。那或许是他爱情最真挚的表达，女人一定要学会珍惜。

这个世界上有谁会叫你"傻丫头"？你的父母，你的长辈，还有你的爱人。你能理解父母对你说不出口的爱，就能理解男人对你那真挚的爱。

男人越爱你越计较你的过去

"一个男人足够爱一个女人，他一定不会计较那个女人的过去。"很多女人都相信这句话，认为男人有足够的胸怀，并经常用这个手段来检验男人对自己的爱惜程度。也有的女人认为，男人根本就不在乎自己的过去，他们对女人的过去根本不感兴趣，他们只是在乎女人现在和将来会不会老老实实和他待在一起，至于女人的历史，男人几乎是毫不在意的。在女人的逻辑中，如果一个男人足够爱自己的话，就应该包容她的过去，珍惜这个女人的现在和未来，而且作为一个男人，更应该大肚能容，不能锱铢必较。

娜娜就是这么一个固执的女孩，她坚持认为自己的男朋友是一个心胸宽广的人。他足够爱自己的话，一定不会计较自己的过去，即使在了解了自己的过去以后，也能够像以往一样疼惜自己。因此，娜娜总喜欢和自己的男朋友开玩笑，说自己曾经被前男友伤的体无完肤，然后一副楚楚可怜的样子，嘟着嘴问男友："要是真有这样的事，你还会爱我吗？"而娜娜的男友觉得她的这种行为极为幼稚，认为她不过是在检验自己的耐心罢了。男友当然不会表现出自己的计较，而是装作满不在乎的样子，学着老头子的腔调，怪声怪气地答道："啊，我对娜娜的爱，永不停止。"每次都逗得娜娜喜笑颜开，让娜娜以为自己的男人真的不计较过往。

事实上，一个男人不计较你的过去，不在乎他是不是你的第一个男人，只有在以下三种情形下才是成立的：第一，他足够相信你，认为在你身上不可能发生那样的事情；第二，他并没有那么在乎你，你在他心目中的位置还没有到达那种至高无上的地步，所以他对你的兴趣还没那么大，或许，目前这个男人只在乎你是不是能满足他的欲望，仅此而已；第三，他自己有不光彩的过去，他不想去提及自己的过去，因而也就认为自己没有足够的资格来和你计较。第一种情况真的很少见。除非你们相处的时间足够长久，双方已经建立了很好的信任，这个男人认为他和你之间足够了解彼此，没必要怀疑你的过去。

第八章 明辨爱情——什么是对方的真实情感

不管这个男人多么的大方，在对于爱情、女人这一问题上，他总是容易吃醋，有时候甚至比女人还要小气。男人很在乎自己是不是女人的第一个男人，而且他们希望女人把自己当成最后一个男人来表现足够的忠贞不渝。

有调查显示，大多数男人在得知自己女人的过去以后，总是耿耿于怀，内心烦闷。这样的情绪不仅仅维持一天两天，而是长时间地潜伏。一旦有机会，他就忍不住翻出陈年旧事来刺激自己的女人。有65％的男人需要寻求心理帮助来消除自己的心灵阴影，借助医生的力量来帮自己开拓心灵。

很多情感专家告诫女性朋友，男人都渴望独占，所以如果你真心爱他，就最好尽力去满足他这种强烈的占有心理。如果有可能伤及男人这种占有欲，过去的事情能不提就不要提及，哪怕男人表现得再无所谓，也坚决不能说。要是一个男人真的不在乎，他就没必要那么苦口婆心，假装不在乎不计较地去哄着你说出来了。所以，聪明的女人即使再有倾诉的欲望，也千万不要选择和自己亲近的男人去说。肆无忌惮地把身边的男人当成倾诉对象的结果，不但得不到这个男人的同情和安慰，反而会在他心里留下一道暗伤，让他耿耿于怀，久而久之一定会伤害你们之间的感情。那时候，女人就会尝到苦果了。

男人在乎自己是不是女人的第一个男人，这几乎是一种本能。而男人希望自己成为女人的最后一个爱人，则是出于男性自信心的体现。因为身边的女人对自己死心塌地，对于一个男人来说，不仅是一种光彩，能够证明男人自身的魅力，而且男人也需要这样一种安全感。得不到爱人的承认，留不住自己身边的女人，对于男人来说，是一件丢脸的事，这会让男人永远在外人面前抬不起头，所以几千年来中国男人都忌讳"绿帽子"。

聪明的女人，千万不要妄想让一个男人去理解你睡在别人床榻的迫不得已，更要小心男人的旁敲侧击。有时候，男人为了了解你真实的过去，也会采用一些手段。比如叫朋友来打探，或者无意地引导你讲述你不愿提及的过去，以此来获取信息。当然，如果你遇到一个这样跟你计较过去的男人，千万不要生气，因为只有真正在乎你的男人才会这么费尽心机。不然，他才没兴趣花那么多心思在你身上呢。这样的男人，即使出于对你的爱，你要做的就是尽量不要提及以前的事情，以免损伤你们的感情。

相反地，如果一个男人对于你的过去毫不关心，而只是在乎你现在能不能够让他满足生理的欲望，那么，这个男人要么不是真的爱你，还没决定要和你分享下半辈子；要么是同时拥有不同的女人。如果一个男人跟你在一起的时候，只是说些不着边际的甜言蜜语，从来都不提及你们的未来，也没有表达过希望自己是你的最后一个爱人这样的欲望，那么女人要小心这个男人有可能会抛弃你。作为女人，你必须知道他的真实想法以后才能把自己交给他，而不是被他的甜言蜜语迷得晕头转向。

浪漫有时只是男人的手段

每个女人都有一个公主梦，都希望有浪漫的爱情，浪漫的婚姻，希望自己的另一半是风度翩翩的痴情王子。不仅是那种小鸟依人的女人这么

第八章 明辨爱情——什么是对方的真实情感

想,那些独立自主的事业型女强人同样也希望有一个浪漫的男人作为伴侣。有些男人深谙女人的这种心理,他们总是能够因为这种浪漫抓住不同女人的心。可以说,浪漫是男人最强有力的手段。

我们都知道,男人是行为动物,他们的思想很大程度上是为他们的行为服务的。而男人的浪漫,男人的所有情调,其实都是他们谋求欲望的手段。遇到老实的男人,很多女人总爱抱怨他们不够情调,实际上是她们不够明白,所谓的浪漫不过是他们行为、目的的伪装。

生活中这样的事屡见不鲜。一个女孩被一个男孩追求,刚开始女孩不肯答应男孩的追求,可是最后总会在男孩的死缠烂打、百般浪漫柔情中"缴械投降",让男孩达到最终的目的。浪漫这种武器可是致命的,不管何种女人都抵挡不住浪漫的诱惑。

几年前有一部全国热播的电视剧《不要和陌生人说话》,剧中即将升任副院长的外科手术专家安嘉和,在全院乃至全厦门都很有地位,不仅医术高明、事业有成,而且长相帅气、脾性十分随和,是很多女人梦寐以求的结婚对象。这样一个男人给了女人所有浪漫的幻想。然而令所有人想破脑袋都意料不到的是,这样一个男人,他所表现出来的完美和对所有女人的百般柔情只不过都只是他变态心理的伪装。一旦他达到了目的,他就对已经到手的女人不再珍惜,甚至拳脚相加。

当年这部电视连续剧影响很大。身边的朋友每次提到男人,都会不由自主地说:"以后再也不会轻易地被男人的柔情,被男人的浪漫手段迷惑双眼了。当他们达到自己的目的的时候,他们的真实面目可是不可预知的。电视剧是虚构的,但女人要是万一自己也碰上一个外表浪漫温柔,内心却极度阴暗的男人,那这辈子岂不是要完了?

或许你会说，哪有那么多像安嘉和那样的心理不健康的男人啊？大多数男人还是正常的。但是你也不得不承认，在安嘉和没有达到娶到梅湘楠这个目的之前，他在所有女人包括梅湘楠眼里，都是一个完美的男人，他的浪漫、温柔吸引了那么多女人。既然一个心理有问题的男人都可以为了谋求欲望，将柔情浪漫表现得那么出色，去深深打动梅湘楠，捕获梅湘楠的芳心，一个心理健康的男人，又有什么不可能如此呢？

浪漫是男人的手段，这是和他们的欲望成正比的，当他想要你嫁给他的时候，他会使出浑身解数，钻戒、玫瑰花、烛光晚餐等，所有能想到的他通通都能做出来。有人说，男人是披着羊皮的狼，女人就是他们不变的目标。当他们认准自己的目标的时候，总会用羊的柔情满足女人所有的浪漫需求；一旦他们达到自己的目标，他们就会慢慢地恢复狼的本质。而这时，女人要么学会驯服男人这匹狼，要么彻底地臣服在男人的权威下。能够做到前者的女人很少，大多数女人还是只能臣服在男人脚下。

浪漫很美妙，却可能是雾中花，是男人为达到目的而给女人灌下的迷魂汤。女人天生希望有人疼爱，柔情相待，而男人总能很好地把握女人的这一心理。于是，他们不时地编造甜言蜜语去迎合身边的女人。不是男人天生满怀柔情，不是男人天生喜欢甜言蜜语，他们只是抓住了女人的心理需求，用它当作谋求目的的手段。

这样一句话："在爱情的世界里，没有谁对不起谁，只有谁不珍惜谁。"的确，人总是念念不忘于未得到的，而自己所拥有的东西，直到失去了才知道后悔。其实，浪漫并不是最重要的，因为浪漫不能持久。女人，不要总是抱怨身边的男人不够情调，不要总是埋怨身边的这个男人不懂得浪漫，要知道，有时候男人的浪漫不仅是奢侈的，更是他们本质目的的伪装。

第八章 明辨爱情——什么是对方的真实情感

嘴上说娶你,未必会娶你

女人们都渴望着披上婚纱的那一刻,最让女人感动的就是男人浪漫的求婚和浪漫的婚姻了。如果一个男人郑重地跟你说"嫁给我吧",那么你们的爱情肯定能够修成正果;而如果他天天把这句话挂在嘴边,那么你反而不要抱太多希望了。

前几天,在和朋友聊天的时候,一个女孩突然说:"我最近认识了一个男孩,但是他没几天就跟我说'我要娶你',这让我很苦恼。"旁边的人都觉得奇怪,这不是挺好的吗?男人求婚是多么让女人幸福的事情啊,你应该开心才是啊。但是她摇了摇头,说:"如果这话是出自于和我交往很久,并且感情很深厚的男朋友之口的话,那我当然会非常高兴,但我和他认识的时间很短,这么短的时间他就决定和我结婚了,我觉得很不安心。实际上,我也不相信他说的话,甚至反感,一个轻易做出承诺的男人,他的话有几分可信度呢?我觉得真心娶你不需要老是挂在嘴上,这些甜言蜜语大多是糖衣炮弹。"

这个女孩无疑是聪明的,她的聪明之处就在于她在谈恋爱这件事上,不光用上了心,还用上了脑子。但不幸的是,对大部分的女孩来说,并没有做到这一点。一听到男人的求婚,女人们大多都晕了头,谁能理智地分析到底是怎么回事呢？

陶丽凤大学毕业以后在一家公司上班，半年后，爱上了那个已婚的男上司。开始的时候，陶丽凤的生活的确是过得无忧无虑：工作上有人罩着，生活上有人关心。为了他，她甚至放弃了很多追求她的优秀男人。因为这个男人曾经说过，以后一定会娶她的，而她也对此坚信不疑。男人不能够立马离婚，陶丽凤也为他开脱，她觉得这样反而说明他是个负责任的好男人。

直到有一天，那个男人的妻子找到了他们公司，让男人在两个女人面前做出最终选择："我们两个你到底爱谁？"让陶丽凤没有想到的是，这个天天说要娶她的男人，竟然说："我还是爱我的妻子。"因为他顾及自己的孩子和家庭，只能放弃和陶丽凤的恋情。

没过几天，陶丽凤也很快因为别的理由被公司辞退。因为这些年陶丽凤在工作上都是上司关照，在能力方面无任何进步，所以她离开公司后，很长一段时间找不到工作。无奈之下，她选择了离开这个城市，从此以后就没有了消息。相信她最后心里是恨这个男人的，但她更该恨的恐怕是自己了。

这种故事在各个城市的角落里，生根发芽。这对女孩来说，绝对是个不幸的事情，甚至会葬送女人一生的幸福。无论那个男人是未婚还是已婚，都要用点脑子想想这句"我娶你"的含金量到底有多少，值不值得你为他耽误了大好的青春年华。

男人都是谎言家，不能立即实现的"离婚娶你"，根本就是一张空头支票。如果那个男人真正爱你，即使不立即为你着想，也会因为对你的爱而迅速和妻子摊牌。一旦这种摊牌期限超过三个月，那这句不可预期和不

第八章 明辨爱情——什么是对方的真实情感

可实现的"离婚我娶你",就会成为永久的谎言。但这句经典谎言,却让无法看清事实的无数女子付出惨重的代价,而且,这些女人要过很多年才能明白过来。

年轻时,女孩总是把爱情看得太重,以为爱就是空气,有了爱,就可以呼吸,甚至不惜做"小三"。但爱有排他性,如果是真爱,是不可能和别人分享的。爱情本应建立在道德的基础上,如果缺少这个基础,也就无所谓爱情,是不能长久的。女人容易为情所伤,但孤立地去谈情说爱,本身就是不现实的。不能给你名分的男人,他只是想占有你,这种占有完全是自私的。谁都知道已婚男人是情感的雷区,为什么还有那么多人纵容自己深陷其中?对于这种的情感上的危险,本是可以避免的啊!

那么,女人如何去判断真爱呢?我们可以采用这样的标准,不是看他说了什么,而是要看他做了什么。下面我就列举几个男人动心会有的外在表现,如果,你的他已经占了多数以上,那么恭喜你,他已经有了娶你的打算了。

(1)约会时,他从不迟到

男人对女人的重视体现在约会上。如果这个男人真的爱你,每次约会他不会来得太早,更不敢迟到。为了准备约会,他会精心做一番准备和修饰,这点并不是女人的专利,他同样希望他在你眼里性感迷人,无可挑剔。

(2)他不提从前的感情史

女人总是希望知道男人的以前,即使你强迫他交代,他也只是轻描淡写地说一些听上去很熨帖的话,比如,我和那人完全合不来,和她在一起总是感觉没有意思。假如他讲给你听的是一段颇有悔意和伤感的爱情故事，那你就得留神了。

  有一点值得提醒，你千万不要逼迫他说出以前的故事，觉得只有这样才算完全了解他，而是要在适当的时候，像请求大哥哥一样请求他讲讲过去的故事。但女人一定要做好心理准备，你要保证听完后不生气。

  （3）毫无理由地给你打电话

  当你在上班、在家，或任何你毫无准备的时候，他打过电话来，但其实没什么特别的事，就是想和你说几句话，听听你的声音。如果他这时在办公室，你可能会听到他那头电话铃声此起彼伏，可他置若罔闻。有这种情况的话，恭喜你，你已经占据了他的心。

  （4）他会忍不住地在他朋友面前提到你

  男人要是对你感兴趣，总是希望你能了解他更多。如果在你面前，他似乎很健谈，告诉你有关他和他家人的许多情况，目的就是让你走近他，拉近你们之间的距离。如果他真的爱你，他就希望自己的家人朋友都能知道你们之间的事情。相比起女人来，男人更有虚荣心，尤其喜欢对他的朋友夸耀他心爱的女人。

  （5）对你的朋友极为友好

  男人喜欢你，也会爱屋及乌。如果你托他为你的某个朋友帮忙，他会显得格外卖力。原因很简单，他想让你高兴，让你的朋友夸他。

  （6）他不会嘲笑你的兴趣

  真爱的前提是尊重。爱你的男人会尊重你的各种兴趣，包括你逛街的爱好。平时你听到的所谓男人最烦陪女人逛街的说法其实都是些已婚男人的言论，对正处在神魂颠倒阶段的他来说，有机会和你在一起，真是求之不得的事。

（7）他会对你表白

男人的爱是外向的，爱你的话，他会直接或假装开玩笑地要求你做他的老婆，而且不是那些一听就是花花公子的表白。当然，如果你们已经约会了不止10次，他仍毫无表示，那么，你就要知道。他或许压根没有和你结婚的打算。如果他表白了，而你也正心花怒放，那就不必太矜持，答应好了。

【聊聊男人小心思】

当男人对你说了上百次的"我爱你"，但仍没有丝毫行动的话，请你潇洒地对他说："不爱我，请放了我，我相信一定会有个既爱我又能娶我，愿意给我幸福的男人存在！"如果听了这句话，这个男人还是没有什么进一步的反应，那么你就用不着犹豫了，和他分手是你的幸运了。

"我不想结婚"意味着什么？

女人爱上男人的时候，总是缺乏理智，不能用正常思维去考虑事情。如果男人一直不想结婚，女人们反倒为他想出一大堆的理由：也许他还没有走出上一段感情的阴影，也许他是个事业型的男人，也许我们的感情还不够成熟……但事实真的是这样吗？男人真的有这么多的理由吗？真实答案确实很残酷，他也许并不像你想象的那样高深莫测，他口中的"不想结婚"可能仅仅意味着"不想和你结婚"。事实上，大多数男人都一定会结婚的，只是那个人不是你。

　　翟微微最近就在为类似的事茶饭不思，但不同的是，她愤怒的原因不是因为他不肯结婚，而是因为受不了这个男人一味逃避的态度。其实，客观上来看，他们的感情基础还是很牢固的。从校园到社会，一路走下来，虽然也难免有些吵吵闹闹，但两个人还是坚持过来了，这让很多人羡慕不已。所以，据翟微微分析，他不想结婚的原因，应该不是感情问题。另一方面，经济上也不是问题，因为他们两个人都有正式工作，就算以后要买房，首付和贷款也会一起分担的，这方面应该不会对他造成什么太大的压力。感情和钱都没有问题，但他就是不提结婚的事，你说急人不急人。每次翟微微一提到关于未来的话，他都找其他理由搪塞过去。最开始的时候，他还会敷衍几句，说："现在还年轻，男人要以事业为重，再过几年就结婚。"后来说得多了，他干脆连这个敷衍的承诺都没有了，最让翟微微伤心的是。他竟然对她大吼："我讨厌你老是逼我说结婚，你不知道我最讨厌被逼迫了吗？"这句话让她都不知道该说什么好了，简直伤心极了。

　　就因为这句话，翟微微彻夜未眠。她说："哪个女人不想一直没有烦恼，像学生般的恋爱？那样多好。其实，现在双方的年龄已经到结婚的年龄了，周围很多同学和同事纷纷迈入了婚姻的殿堂，而我现在则像个结婚狂。我觉得他是爱我的，这么多年的感情摆在那儿，但是他就是不跟我结婚，我又如何向其他人解释呢？"

　　翟微微的苦恼不是一个个案，而是女孩们普遍会遇到的疑惑。她们不明白的是，在结婚问题上，男人和女人的思维是完全不同的。女孩们多半

第八章 明辨爱情——什么是对方的真实情感

认为，两个人在一起经历过风风雨雨，那这份感情的最好归宿就是婚姻，这似乎是天经地义的事情。但在男人看来，却根本不是那么回事。很多男人会觉得，结婚就意味着需要面对家庭责任，就意味着失去自由。这就是为什么一旦女人提到结婚问题时，很多男人都不想结婚的原因之一，他们怕的是失去自由。但除了这个，还有一个更关键的理由，那就是他们不是不想结婚，而是不想跟你结婚。

曾经有一份报纸上刊登了这样一个案例。有一个女孩与男友恋爱10年之久，她为了拴牢这个恋爱了10年的男人，不惜厚着脸皮，主动求婚五次。但是，每次这个男人都以各种理由推脱，第一次说父母不喜欢她，第二次说哥们儿不喜欢她，第三次竟故作悲伤地说："其实我就是害怕结婚，我现在不想耽误你了，你趁年轻找个好人家嫁了吧！"多么可笑的理由，悲愤无奈之下，女孩找到了心理医生。

心理医生这样说道："一个所谓的有婚姻恐惧症的男人，他真正恐惧的，其实不是婚姻，而是与你的婚姻。"这句话的意思其实非常的明了，问题就在于他并不是不想结婚，他只是不想跟你结婚罢了。

如果一个男人说不想结婚，那么你可以从以下几个方面来考虑：

1. 他根本没有真正地喜欢你，或者虽然是喜欢，却没有上升到爱的地步，仅仅是喜欢而已。反正也没有找到更好的，那就先暂时先骑驴找马吧。

2. 他虽然喜欢你，但是还没有喜欢到可以娶你的地步，或者两个人已经太熟悉了，熟悉到已经没有什么感觉，提不起兴致了。这种感觉让男人总想着能够再来场轰轰烈烈的"下一段"，但还没有找到合适的目标。

3. 他有了其他想法，并且已经有了下一个猎物，只是还没有成功。所以，就先拖着再说，如果攻击成功，就可以抛弃现女友，不成功，现成眼前的女人就是候补的老婆了，省得到时候鸡飞蛋打。

4.他是个观望型男人，就是俗话说的"吃着碗里地看着锅里的"，看着别人的老婆或女人哪里都好，就是自己女朋友不好，总怕自己将来吃亏或后悔，感觉如果结了婚，可就再也没有选择的机会了。

5.他在外面已经有了其他的女人了，只是因为舍不得过去的感情，或者现任女朋友对他实在太好了，挑不出一点毛病。这种情况下，他其实更多的是希望女方主动提出分手。

6.他为所谓的目前的学习或者事业留了一手，因为等他将来学有所成或事业有成了，还会有大把的选择机会，现在就结婚，万一以后遇到更好的了，可就不好处理了。

明白了吗？这才是真正的问题所在！这些男人心目中其实非常清楚，有些女人只能成为情人，但未必能成为朝夕相处的妻子。其实，每个男人心目中对结婚的对象已有一个定位，若身边的女朋友未能达到他心目中适合的对象的标准，他们会一直等，等遇到心目中理想对象的时候，才会主动提出结婚的要求。由此我们可以看出，不是优秀的男人不愿意结婚，而是他们当中的很多人都憧憬，以后会碰到更值得相伴一生的女人。

第八章 明辨爱情——什么是对方的真实情感

明明他想分手，却要你说出口

失败的恋爱只有一个结果，那就是分手。想必经历过恋爱的女孩子都经历过分手，分手本身并不可怕，既然不合适，分开未尝不是件好事。女人可以大方地说一句："对不起，算了吧。"痛苦一阵，生活还是继续向前。但可怕的是，有的男人在分手问题上拖泥带水，藕断丝连，让女人的心备受折磨，他们这么做的目的是什么呢？

朱晓娇最近就被要不要与男友分手的问题折磨得痛不欲生。她与他断断续续地交往了两年，之所以说断断续续，就因为那个男人总是在分手的问题上拖泥带水。第一次分手是在半年前，两个人因为一点芝麻绿豆大的事，大吵了一架，谁也不肯让步。半夜，男友发来短信："不如我们先暂时分开，冷静一下。"朱晓娇同意了，这一分就是一个月。就在朱晓娇伤心欲绝的时候，他回来了，却又装作什么事都没发生过。朱晓娇欣慰之余，暗暗想，大概他不好意思跟我认错吧。

但好景不长，这段平静的日子只维持了两个星期，朱晓娇觉得两个人的关系又动荡起来。说是恋人吧，两个人却又不像平常的恋人，朱晓娇一提出去看电影或别的活动，男友就嫌她烦，不愿陪她。再后来就是拖，每天好像都有忙不完的事，连她电话都不接。时间一长，朱晓娇有时候就想，既然不爱了，干脆分开吧，总好过现在天天倍受煎熬。可他就是不提分手，但是对她的态度也不见好转。

朱晓娇对此特别不理解：他如果还爱我，为什么对我的态度是这样？如果他不爱我了，为什么不直接说，让我彻底死心呢？为什么要这么不清不楚，拖拖拉拉呢？她不知道现在到底应该怎么办。

在分手问题上，按说女人才是爱犹豫的，男人应该是干脆利落的，爱就是爱，不爱就是不爱，从不婆婆妈妈。既然不提分手，一定是还有挽回的余地。问题就在于此，女人太信任男人了。事实上，很多男人在处理恋爱问题的时候，耍起伎俩来女人根本无法想象，他们甚至也有很多的"分手暗语"。

例如，当一个男人对你说："我什么也给不了你，你应该有更好的选择。"或者他说"希望你能找到更好的男人"时，女人就要明白了，这就是一种"分手"的暗示了！这句话的潜台词，这态度背后的真正想法是什么呢？

首先，男人不喜欢提分手，是因为他们不希望给你留下"他不爱我，还甩了我"的负心汉形象。这种情况多出现在恋爱时间不长，而且女孩爱他比较多的情况下。正因为女方为他付出的太多，对他太好，他觉得如果自己先提分手的话，心里多少对她会有些愧疚感。所以，男人干脆就拖着她，让她不堪忍受，最后知难而退，只能主动离开。

就像朱晓娇一样，如果女孩在恋爱时，碰到这样的男人，首先要确定他是不是还爱着自己，或者说他的真正意图是什么。不妨先试着离开一段时间，看他会有什么反应。也许有的人不善于说爱，但你突然失踪了，如果他还在乎你，一定会主动联系你的。如果他毫无作为，你在或不在对他

第八章 明辨爱情——什么是对方的真实情感

来说都一样，甚至你消失了会让他觉得如释重负，那对这样的男人你也不要有丝毫留恋。

面对这样一个费尽心思和你分手的男人，你的执着只能是让他更讨厌你，最终毫无顾忌地跟你一拍两散。他现在还愿意顾及你的尊严，不代表他依然还深爱你，只是代表着他在道义上对你有一份歉意。但是女人们要记住，这点内疚和歉意，远不足以支撑你们的关系长期维持下去，迟早有一天他会和你撕破脸的。那时候，你甚至输得连自尊都没有了。

其次，男人不主动提分手，只是他习惯了和你在一起，分手了会不习惯。这种情况多出现在恋爱时间较长的情侣中间。虽然爱不在了，但两个人之间磨合出来的默契或者说是习惯仍然存在。这时的你对他来说就像一根鸡肋，食之无味，弃之可惜。面对这种情况，女人们又应该怎么办才好呢？我们可以从以下角度去分析。

第一，如果你很爱他，但确定他不怎么爱你了，不再重视你了，有两条路可以走：

1. 你毫无怨言地继续付出，希望他有一天终被你感动。或者他在外面游荡，见识了各路风光后，发现还是你最好，从而幡然醒悟。但这种打算胜算很小，风险很大。

2. 忍痛割爱，毅然离开他。千万不要以为他只是把爱藏在心里，女人对爱情的直觉是很敏锐的，如果你感觉不到他爱你，说明他真的不爱你了。一厢情愿地付出，不仅不会得到他的回报，反而把自己逼上了一条不归路。付出的越多越心酸，最后只落得个遍体鳞伤，在他眼里也是自找的，他不会有半点怜惜。

第二，最为恶劣的情况就是，男人不主动提分手，他只是把你当备胎。现在不放你走，他可以随时回头，也可以随时脱身。无论哪种选择对他都不会有什么损失，还有个老情人为了他牵肠挂肚，他何乐而不为呢？无疑，有这种想法的男人是不值得女人付出的。既然已经知道自己是个备胎，女人就一定不要让男人的阴谋得逞。拿出点骨气，说出分手并不是一件很难的事。他根本就不心疼你，根本就不是你该找的人，这样的话留下来也是时时提醒着你的失败。你终将遇到真正爱你的人，老在他这里胡搅蛮缠，岂不是浪费了自己的大好青春？

第三，如果你也被这份爱拖得筋疲力尽，只是想等他先开口，那就更没有必要了。恋爱是为了让自己更加幸福，既然双方都已经不爱了，不妨分开。往积极方面想一想，他之所以拐弯抹角，也是怕伤了你的自尊心，分手的时候还懂得照顾一下你面子，说明他还有点良心，不想伤你太深。

那你就干脆就照单收下他的好意，照顾一下你面子放他走好了！天涯何处无芳草，如果你没有得到你想要的，那么你即将得到更好的。给他一个潇洒的背影，也为彼此留一点海阔天空的回忆。

女人发嗲，意味着有所要求

这个世界上，是女人就有着自己发嗲的武功秘诀，即便有会后男人会抱怨女人发嗲时会让自己惊起一身鸡皮疙瘩，但在心里不得不承认自己还是很吃这一套的。正因为男人对女人那娇滴滴的生意无从抗拒，不知何时起发嗲就成了女人摆平男人的一道有力工具，只要一听见她奶糖般嗲嗲的声音，平日在蛮横的男人也会瞬间变得温柔起来，那宛如一个带有糖衣炮弹色彩的预警信号，只要信号灯一响起，男人就知道自己肯定又要有所牺牲了。

"发嗲"这个词源于上海洋泾浜的方言，愿意为英文里说的"亲爱的"。说的是女孩子在撒娇时，说话总是拖长语调，时不时冒出哼哼唧唧、咿咿呀呀的语调。最终发嗲一词不胫而走逐渐广为流传，且还衍生出了各种各样的含义。在男人看来，发嗲是女人对自己的有一种亲密行为。有位名人曾经说过这样一句话："男人靠征服世界来征服一个女人，而女人却能依靠征服一个男人征服整个世界。"从古至今，男人想征服一个女人必将倾注很大经历，甚至赔上自己的全部家当，而女人似乎只需嗲他一嗲，便可以在瞬间将其整个心灵融化。自古英雄难过美人关，而嗲声嗲气的这一关可以说是最难过的。同样是女人，一个为人干练废话很少，而另一个相貌平平却很会打扮装嗲，按理说必然是前者办事效率要比后者强，而事实恰恰相反，主要原因就在于办事的对方是一个很吃这一套的男人。

不管你承不承认，世上几乎没有一个男人不喜欢发嗲的女人，只要女人发嗲发的够聪明，够到位，就必然在男人面前受宠。一般而言，会发嗲的女人都很聪明，是因为她们知道利用自己的性别优势，也明白要想让男人对自己妥协，就要让对方知道自己的风情万种。嗲从某种角度来说是对女性的一种赞美。发嗲，包括了一个女人的娇媚、温柔、情趣、谈吐、姿态、出身、学历、技巧等，其中既有姑娘的撒娇弄俏，也有少妇的忸怩作态等一系列显示女性柔弱娇媚的魅力的举止。

不管是古代还会当下，只要女人嗲一声，多半的男人多会禁受不起的骨头发软。当她们用确定你中了自己的迷魂招数，就会借机对男人提出自己的要求，要他干什么活，买什么东西，既不吵也不闹，既不凶巴巴也不神叨叨，更不会用发号施令的口吻给男人带来任何的不舒服，而是在嗲嗲的撒娇中让对方心悦诚服的将自己的心愿水到渠成。嗲的女人很少生气，也很少发愁，相反她们整天活的开开心心，融融乐乐，眼角的皱纹自然不会生出来。其重要原因就在于她们女人特有的天性使自己在关键的时候总有男人会对自己伸出援手，倘若自己没反应过来，自己一句柔柔的："讨厌""哼，你欺负我""不依我算了，我理你了。"就让对方内心纠结，仿佛不帮忙就欠了对方一个大情债一样。

由此看来，发嗲应该是女人占大便宜的手段，不费吹灰之力就可以水到渠成的事，恐怕只有她们才能这么轻而易举地搞定了。可对于男人而言，对于女人发嗲的程度也是有一定标准的，一旦女人发嗲的技术不到位，一般也只会落得一个酸倒牙的下场。有的女人想发嗲也总是功夫不到家，只要一行动就会让人浑身起鸡皮疙瘩，而有的女人那故意做作的样子，总是让人觉得不自然，目的无非就是有意卖弄只为引起别人的注意。有些时候男人会因为女人的发嗲而不知所措，丈二和尚摸不着头脑，不知道对方到底要干吗。因此，耳边一响起这种嗲嗲的奶油声就开始肝儿颤，不知道自己又要做出什么样的牺牲对方才会满意。这不仅让他们心声一种疑惑，女人为什么那么爱发嗲呢？其实在爱发嗲的女人心理，多半都有那么一块"病灶"，下面就让我们说说这些女人究竟有哪几"病"在哪里。

（1）小九九太多。发嗲其实是女人最为虚伪的表现，其实在她们奶油声的背后早都有了自己的小九九，为了自己可以在别人面前楚楚动人，总

第八章 明辨爱情——什么是对方的真实情感

会极大的掩盖自身的缺点,将自己的优点不断放大。她们很善于阿谀奉承那些有势力的权威人士,而对那些比自己弱的人却相当势利,这种女人不仅会遭人反感,时不时地还会让人觉得很轻浮。

（2）耍耍小娇情。有些女人爱发嗲是因为自己想耍赖犯娇情,当这种女人在面对困难的时候总是会装出一副很委屈的样子,她们一般不会选择自己想办法解决问题,而是对别人的帮助和怜悯有着一种强烈的依赖感。她们觉得发嗲的行为可以顺利地将自己依附在男人身上,自己越是小鸟依人就越是赢得男人的怜香惜玉,这种女人多半自怨自艾没有过多的主见。

（3）装给别人看。发嗲往往是女人故意为之的,这样做的用意无非是想将自己最女人的一面装给别人看,技艺高超的话可能会很打动人,但如果表演不到位必然会招致反面效果。其实,故意发嗲的女人往往内心存在着自卑和盲目心理。她们只知道一味模仿,却不一定懂得了解男人的女人之间的逻辑,当一个不了解男人的女人在对方的面前,故作伪装企图走进他的情感世界,结果必然是处处碰壁,遍体鳞伤。也许她们至今不解,为什么自己那么努力,男人对自己似乎仍是百毒不侵的做派。

（4）隐藏真实内心。有些女人爱发嗲的原因是为了将自己的感情隐藏起来,她们有意为之只是用表面行为隐藏内心的心灵变化,当一份感情摆在自己面前她们并不会轻表达自己的情感,只要自己没有打心眼儿里真正接受这个男人,就必然会先将自己的感情隐藏的很好。尽管表面文章做得很好,微笑中彰显着女人的似水柔情,却始终难以打开心门让对方走进自己的世界。过度的戒备心里害怕受到伤害是她们隐藏自己感情的主要原因。

其实,对于男人来说,不管女人装嗲是出于什么样的心理,他们一般都会从心理选择欣然接受。或许这就是造物主在造人时有意给男人设置的一个心性系统，女人的柔弱天生是来攻克男人的刚强的，只有这样整个世界才会保持在一个平衡的状态。尽管你很明白对方发嗲的用意，但是在关键时刻还是会用妥协的方式自愿深陷她的迷魂阵，不管是出于自愿还是不自愿，只要迈进来就必然要做好有所牺牲的准备了。

女人折腾你，是因为在乎你

曾经有一位女性朋友在经历过几次恋爱后发出这样的感叹："在我看来男人是需要折腾的，如果不折腾他就肯定不会在乎你。"或许这句话进到男人耳朵里会觉得相当不中听，难道自己就是女人用来虐待的工具？自己又不是感情受虐狂，两个人在一起好就是好，干吗要相互折腾，彼此折磨呢？

的确，在男人的心里多少都是不喜欢无理取闹，闲的没事跟自己瞎折腾的女人的。但从另一个侧面讲，如果一个女人总是特别淡定，即便是自己做出一些不符合规格的举动她也能够做到彬彬有礼若无其事，说话时没有怒气还对你相当客气，大多数男人也会感觉失落，认为自己并没有得到对方的足够重视，她也并没有对自己倾注太多的感情。因为不在乎，所以才会这么淡定，因为无所谓她才会在自己做了这么明显的举动以后还能该

第八章 明辨爱情——什么是对方的真实情感

干什么干什么。

说实话，有些时候女人自己也会纳闷，男人说话往往都是口不对着心的。你说不喜欢无理取闹的女人，我就尽可能的海量一点，谦和一点，结果自己真的有了雅量你却觉得浑身不自在了。在一些女人看来，很多男人要是躁狂起来要比女人能折腾的多，他们常常会做出一些没事儿找抽的事情，妄求女人好好地跟他们发一次脾气。女人越是河东狮吼，男人心里就越觉得浑身爽得无法言语，尽管事后拼命地道歉解释，但心里却乐得开了花儿一样，觉得找了顿骂是值得的，至少知道她在乎自己了，自己在对方心中是有位置的。

这种行为虽说会让很多女人知道实情以后大跌眼镜，但却证明了一个不争的事实，折腾的心理不是女人天生就具备的，而是代代男人调教出来的真理。男人有时候从心眼儿里非常希望女人跟自己折腾，但又很矛盾的不太愿意她们一天到晚跟自己玩儿命的折腾。必定什么事情都得有个度，恰到好处自己很受用，过了度自己就要准备捂着耳朵撞墙了。

天宇和安琪是大学同学，毕业以后有一起闯荡事业，最终成立了一家小有名气的工作室。起初安琪文文静静，做事也是有条不紊不声不响。由于做事太认真，往往会因为专注于工作忘记了天宇的感受。为了引起安琪的注意，天宇又一次成心在自己的手机里加了一个女人的相片，然后有意识的放在安琪的旁边，随后他又让一个业务伙伴拨通了自己的电话引起安琪的注意，电话一响屏幕就亮了起来，安琪一抬头发现了天宇手机上的女人图片，于是心生不满的拿着电话找他一问究竟，看到安琪满脸怒火，天宇此时心里却生出几分惬意，尽管当时自己神情无辜而紧张，但心里还是异常的开心。最终安琪跟她大嚷特嚷了一回，还跟他冷战了一个星期，最终天宇找了 N 多朋友证明，手机上的女人与自己无关，完全是他在无意识中从网上下载下来的。尽管有了误会，但是看到她这么在乎自己还是蛮开心的。

就这样，一场风波结束了，本来以为事情可以归于平静。但天宇却发现之后的安琪一反常态，只要电话那头讲话的是女生她就开始没完没了的审问加折腾，不管天宇跟对方谈的是公事还是私事。甚至有的时候天宇电话时间长了，她还会抢过他手里的手机摔在桌子上，叉起小腰跟他大干一架。由于其中有些电话是天宇的客户打来的，因此安琪这么一闹搞得自己很难堪。时间一长，天宇觉得安琪越来越像个更年期到了的女人，甚至在她面前自己都不敢接电话，生怕她脾气犯上来又干出点什么"非常壮举"。慢慢地，天宇对安琪的感觉越来越淡，他时常也会回忆起初见到这个女孩儿的样子，那时候她是那么谦和温柔，懂事地让他恨不得坐着时光机器回到过去，永远都不要再回来了。

常常听见很多男人人前抱怨："我家女人就是一个疯子，看见我跟哪个女人多说两句话，立马脸色就变。随后回家少不了一顿收拾，我这男人的面子真的不知道应该放在哪里。即便是结了婚，我也不可能从此以后看见别的女人都跟着老虎一样。即便是老虎，我觉得也比她看上去可爱多了。"虽说总是觉得天理不公，但事实上两个人的关系还是不错的。他在家的位置也未必是个妻管严，甚至有些时候当着老婆跟别的女人说话还都是自己成心做出来的，目的无非就是彰显一下自己的男人魅力，给别人看看自己的老婆究竟有多在乎自己。

正是在男人这种不断的"英明"引导下，女人开始意识到，原来男人是喜欢被折腾的，越是折腾，就越能表现出自己对他是多么在乎。于是从

第八章 明辨爱情——什么是对方的真实情感

此以后，即便是自己根本不会折腾，也要尽可能地多折腾折腾对方，以便能够让其心理有个平衡的感觉。但必定生活中情商高的女人占的比例并不多，很多女人虽然知道折腾男人是可以让他知道自己多在乎他，却往往折腾不到点上，而且掌握不好折腾的度量衡。这种感觉就好比一个人本来觉得有人敬酒零星喝几杯挺美，结果对方错以为他喜欢自己敬酒的方式，为了彰显热情就开始不住地向他敬酒，结果对方哪儿有那么大的酒量，最终一杯接着一杯由于实在耐受不了，脑袋一晕出溜到酒桌地下去了。细细想来，这又何苦呢？如果知道对方只是想意思一下，最好还是不要这么猛灌嘛！灌倒了以后，人家一定会因为回家饮酒过当而折腾的浑身难受，连晕带吐这么一折腾，下次一定会躲得你远远的。

事实上，女人折腾男人也是同样的道理，起初看见你被折腾一下还觉得心里挺开心，结果忽然觉得这招对于调剂感情很受用，所以为了表现自己很在意，便开始找点话茬就折腾折腾你，没想到这种点儿低的行为用多了会起反作用。长此以往的得瑟最终让男人见到你就肝儿颤，不知道下一分钟，自己将面临一个怎样的命运，经历一番怎样的劲爽型的河东狮吼。总而言之心里开始后悔："你说我闲的没事当初引导她用这招干什么？搞得自己现在跟受虐狂一样，我看她还是别在乎我了，在乎时间长了我的心脏耳膜都会出问题。到时候想回回不去，想治治不好，自己这辈子就这么交代了怎么办啊？"但早知如此何必当初，如今女人已经把折腾你当成了一种习惯，如果真的受用不起想必除了自己有本事把她态度端正过来以外，只能是三十六计走为上策了。

没错，女人折腾你是出于发自内心的在乎你，尽管不是每一个女人都能演绎出男人所向往的那种效果，但是心境是一样的。面对她的这番好意，感受一下是可以的，但只要看到对方有喋喋不休的架势，就要赶快想办法加以制止。必定长时间在狂轰滥炸的紧张氛围中纠结不但会影响你自己的寿命，就连你们之间长久培养起来的爱慕之情也会从此不复存在。最后还是要多句嘴，男人没必要在这方面当烈士，在女人的怒火中永生也必然是一种莫大的不幸和自摧残。

她没事找事，是在试探你

有时候男人抱怨女人太扯，不知道哪根筋不对了突然来一电话，来一电话也没什么要紧的事儿，但尽管是这样你还得特别耐心的作答。假如哪句话没有答对就必然会让对方揪住这个话题发表一番没完没了的言论。有些男人就曾经抱怨自己平均一天在公司会接到对方不下八个电话，几十条短信，说的都是一些没事儿闲的话题，耽误了自己很多时间。到了该下班的时候工作做不完还得加班，结果回去晚了又是电话，有些时候自己简直被她们搞的想把电话砸了或是丢了。因为这样就不会在为这事儿纠结，因为倘若自己关机，她们又会找出一大堆理由跟自己得瑟，但是开机，一个电话没接就会被铃声或震动没完没了的骚扰，直到你接为止。由此很多男人都说，尽管老板的追魂夺命 call 很可怕，但是绝对没有女朋友的电话让自己胆战心惊。

第八章 明辨爱情——什么是对方的真实情感

张杨前一段时间交了一个女朋友，人长得挺漂亮导致他对其一见倾心，尽管在一起的时候对方小鸟依人，但不在一起的时候却真的让张杨受了不少罪。

每天早晨6:00钟明明想多睡一会儿却被女友强制性叫醒，迷迷糊糊的就听到对方那边说："早上好，还没起呢吧？昨天梦见没梦见我啊？"起初张杨还实话实说自己睡得很香什么梦都没做，结果对方那边就开始发起小脾气："哼，你心里根本就没我，所以连梦里都没我，告诉我你是不是梦见哪个美女不好意思告诉我啊……"面对这个女人无休止的啰唆，张杨慢慢感觉很无语，觉得与其这样让她无休止的得瑟，不如从一开始直接跟她说自己梦着了，结果没想到说梦着了也不行："是吗？那太好了，你梦里我在干什么？穿的什么衣服啊？梦里有没有别的女人啊？我是不是最漂亮的那一个啊？"总而言之一顿美美地回笼觉又被这样给搅和了。于是张杨采取了关机的状态予以抵抗，结果上班时间对方打来电话："你关机什么意思啊？是不是边儿上躺一美女不好意思让我知道啊？有什么就说嘛，藏着掖着干吗？"张杨在一边赶紧低着头安慰，说是手机没电了，不是自己成心的，并发誓自己绝对下不为例，对方才就此罢手。结果一到中午吃着半截饭对方又来电话："你吃饭没有？""啊，正在吃。""吃的什么啊？""吃的工作餐。""有汤喝么？""有！""哦，我也吃呢，我减肥吃的黄瓜条和西红柿炒鸡蛋。""哦！""没事了，慰问慰问你，赶紧吃吧！"挂下电话，一看表，中午公司休息时间仅有的一个小时已经快过去了，饭才吃了半截，结果赶紧张牙舞爪的扒拉两口又去上班了。

总而言之，长此以往张杨觉得自己的耐受力越来越差，每天被这个女孩儿搞得筋疲力尽。自打有了这个女朋友，自己再也不敢跟哥们儿喝酒吃饭，再也不敢手机关机，于公于私除了自己老妈以外不敢跟别的女人有什么交情，总而言之自己变得越来越自闭，时常感觉自己非常失落。于是他鼓起勇气跟对方说明了情况，表明自己绝对不能这样下去了，如果一定要自己大街上随便看了一个女人都挨顿贬，那自己还是一个人好一些。听了他的一番话，女朋友笑了笑说，其实自己也不会总这样，之所以表现的有点变态，主要是想试探一下张杨究竟有多能包容自己。到现在来看自己对他还是很满意的，今后自己绝对不会这样了。

很多时候一个女人之所以会在男人面前耍赖，并不是空穴来风的没事儿找事儿。在她们眼中，男人天生是应该包容女人的，介于当下社会的男人不在少数都比较自私，不太会过日子，也很难有强烈的责任感和包容心，所以有这么一部分女人会在认识一个男人的时候，采取一种没事儿找事儿的方式，试探对方包容力的底线，以此来判断出对方的脾气秉性，是不是真的适合自己，究竟能容得下自己多少错误，自己犯小脾气犯到一个程度是对方可以承担的起的。这种想法在男人看来虽然很荒谬，却在女人心里是永恒不变的真理。

因此，有些时候，男人对待女人没事找事的行为一定要有自己的判别能力，知道什么是试探性行为，什么是她自身的性格因素，尽管有些时候，女人很会伪装，但只要你能够用心观察，还是能从中看出端倪。必定女人可以宠爱，但绝对不能溺爱，难以忍受的时候适度说出自己的想法，并暗示对方假如再这样下去后果自负，想必也不会有那么多女人是不识趣儿的。其实，对于女人来说再耍能耍到什么程度呢？按照男人的话说，只要自己一不爽，一抓脖领子就能给她扔出去，但之所以不这么做不过是因为有感情的存在和性别的差异。总而言之，男人既要包容女人又不能总是随着女人的性儿来。必定包容不代表懦弱，相信自己的判断力，不管什么女人内心深处都是对男人的爆发有一定恐惧感的。

不在意名分——她只想玩玩儿

有不在少数的男人都会觉得，假如有一个不在意名分，只想跟自己在一起的女人对自己说："不管发生什么情况，我都不会离开你。"那必然会因此感动不已。当然也不排除有一些男人会因为身边有这么一个女人而自我炫耀，像别人表明自己是多么的有魅力，竟然有这样的女人即便名分不要，也要跟自己走到一起。

其实，这个世界上真的有不在意名分的女人么？如果这个女人对你真的很爱，起初为了接近你她或许会很明确的打出不要名分的感情牌。以此来渐渐介入男人的生活，让男人在毫无防备的情况下接受她，在她的精心设计下深陷情网，无法自拔。直到有一天她觉得自己已经在这个男人心中无可替代的时候，就会慢慢改变自己的态度，大张旗鼓地像男人索要名分。倘若这个男人是个单身，我们说也就未尝不可，生活了这么长时间的确可以考虑一下。但假如对方本来就有女友，或者已经有了家室，那可真的就说不准了。因为这样的女人既然有这个手腕儿接近你，还让你心悦诚服的自己走进她设计好的埋伏圈，就必然有着她自己的独到之处。这个时候的男人往往会陷入被动，因为他们也明白，在整个的交往过程中，已经有无数可以拿出去做文章的事情被对方抓在手里成为把柄，其中的任何一件事情，被对方捅出去，都会让自己身败名裂，妻离子散。这样的事情真的发生得很频繁，男人起先往往会因为对方提出不要名分这件事情而深受感动，但最后往往是想清理现场都不知道该怎样将这一切结束。

当然，也有着这么一种女人，她们的确是兑现了自己的承诺，真的没有在乎过你能不能给她们名分。但对于她的感情归属问题，她也是不需要你过于关注的。今天她可以在你的面前说尽甜言蜜语，明天说不定还会跟别人在一起重复类似的话。她们之所以这样做，理由是多重的。其间我们姑且相信，有一些女人曾经是在感情上受过伤害的，当对一个男人的感情没有了信任感，自己又确定不能没有男人在身边的时候，女人会出现一种病态心理。在她心里，男人就是自己的一个陪衬，一个男人根本不能给自己足够的安全感，在她的要求里，自己生命中的每时每刻都不能没有男人存在，只有这样她才会觉得心里踏实安全。她们经常会在屋子里摆满了不同男人送给她的玫瑰花时才感觉到自己的价值，在所有男人都给她送礼物的时候，才能找到自己作为女人的那份自信。在这种女人的意识中，一个男人离开她没有什么了不起，因为她还可以从别人那里找回来，她们常常在自己身后准备着大量的后备力量，以便于当出现突发事件的时候自己能找到感情寄托。

其实，这样的女人也很可怜，在她们的意识里，男人仅仅是自己需要的一种感情寄托，无所谓真心与不真心。只要自己能从对方身上得到自己想得到的东西就行。她们常常把手里的男人分成很多类型，谁最相貌堂堂可以跟自己出去的，谁可以做自己的免费银行，想要钱会很大方的，谁

第八章 明辨爱情——什么是对方的真实情感

能对自己百般照顾能让自己开心愉快的，等等等等，诸如此类的一个个角色，在这类女人心里可谓是门儿清。在她们看来，这个世界上没有一个男人是百分之百完美的，但是自己却需要百分之百的享受。要想得到这份享受，就必须找无数个男人，将他们身上所有完美的特质结合在一起，自己在需要什么的时候去找谁，这样才不会亏负了自己。

不用多说男人也会明白，这样的女人肯定是一个可怕的狠角色，但她们往往都是情场上的高手，当她们用女人特有的柔美，娇滴滴地对你说"你对我好就够了，我并不在意你给我什么名分"的时候，自己也确实没有说假话。她不希望任何男人给她名分，这样会使她的整个自由受到局限。在她们看来，自己之所以现在要跟你在一起，不过是要找一种寄托，并没有奢望能跟你走多远，或许到了某些时候，你有了想跟她一起走下去的欲望，她都未必能答应你。因为她们对于感情这件事情，早已添加了一种游戏的色彩。

所以，作为男人千万不要觉得，有个女人说自己可以不要名分是捡了一个大便宜。女人不在意名分必然是有自己的想法，或许在你身上她们在寻觅着比名分更实惠的东西。她们会在一洋洋得意的时候，利诱你心甘情愿的把这样东西一点一点地支付给他们。换句话说，这个世界上无论好女人还是坏女人，假如真的想跟你走的长久，要名分一定是早晚的事情，如果当真自己是不在乎，那么只能证明她对你从未认真，或者说只不过是想陪你玩玩儿罢了。

女人若骗人，也很有一套

中国有句古话叫作"明修栈道，暗度陈仓"，其意思是不到万不得已绝对不会打草惊蛇，待时机成熟，必然会给对方一个出其不意的重创，力求在实施这次打击以后让对方提起自己的名字都会胆战心惊，即便是下次想动歪心眼儿也得在心里反复斟酌几次才下得了决心。

这种明着一套暗着一套的策略手段看似是男人在用兵的时候发明出来，可在女人的行为上却有着相当充分的表现。对于男人，她们往往会记下两本账，一本是明账，有理有据思路清晰，而另外一笔账则是暗账，不管是你对他的不好，可能发生的她不愿意看到的东西，她可能已经抓住你的小辫儿，一件件统统都会记录在案不会有半点疏忽。有些时候，明面上跟你很合拍，但私下里却并不认为你适合他。正所谓关系还没有正式确定，表面文章上先做好是很重要的。也许这时候她们自己的另一边红线还没有彻底牵好，因此在你面前总是尽可能地让你挑不出任何毛病。一旦计划步入正轨，羽翼成熟的时候，陈仓早已经渡了过去，站在岸边的你只能傻傻地望洋兴叹了。

曾经警方就破获了一起女人情感诈骗案：

萧红外表出众，名牌大学毕业，工作能力也是总裁王刚的一把好手。

第八章 明辨爱情——什么是对方的真实情感

在做他秘书其间萧红良好的应变能力和业务能力都让这位年轻的单身总裁刮目相看。在他看来自己身边真的就缺少这么一个贤内助,在得知萧红也是单身以后自然喜出望外,对其开始了猛烈追逐。萧红起初很不好意思,面露难色但经过王刚百般保证以后结婚她还仍然可以在公司任职,不会剥夺她工作的权利,也就渐渐地答应了她。

相处的一段日子,王刚觉得自己是天底下最幸福的男人,萧红看上去是个本分的女人,既温柔又能干,而且在这样复杂的社会,还能碰上这么个保守贞洁的女人已经算是一种莫大的幸运了。当两人走进婚姻殿堂以后,王刚兑现了承诺,允许萧红继续从事自己的工作,并提升为副总。权利一大,萧红便开始有了一些小动作,她曾经几次试探性的买通财务,或是试探性的以自己名义到财务部门提取支票现金。起初事情办的并不顺利,财务要求提款必须要有老总王刚的亲笔签字才能办。于是萧红回家跟王刚耍了一会儿小脾气,跟他说:"既然是两口子,我干的又不是什么不正经的事情,有些事情那么着急,我哪儿有时间追着你签字,既然家里的钱都是我们的共同财产,你还怕我跑了不成?"听了萧红的话,王刚觉得也有道理,自己长期出差,要真有什么需要用钱的事情,萧红提不出钱也会耽误事情,更何况自己父母早逝,妻子应该是最亲近的人,怎么能因为这点事情就引起家庭矛盾呢?于是,他找到财务,允许萧红在工作需要的时候自行从账上提取现金。

就这样,这个聪明的女人冲破了王刚公司财务部的最后一道防线,起初她只是试探性的支取一点点。看到财务很爽快地答应之后,她欣喜若狂,于是逐步的抬高了自己取款的数额。为了避人耳目,萧红的确以公司的名义与别人有一些合伙来往,间隔一段时间就会带回来一部分回款,但没过多久更大数额的钱就会被她提取出来，而王刚对其中的玄妙之处一无所知，因为工作忙经常出差，每一次看到回款也不少也就没有在意。经过一段时间的观察和把握，萧红觉得时机成熟，她跟财务说有一笔大的生意，需要500万的高额现金，她已经跟王刚打过招呼，王刚让她直接找财务联系。面对主管会计的一脸难色，萧红又以金钱利诱，向其保证只要这次运作成功，少不了对方的好处。

就这样或许因为受利益驱使，对方又是老总的妻子，主管会计还是答应了萧红的要求，填写了一张500万元的支票。看到大功告成萧红自然欣喜若狂，回到家她依然对王刚小鸟依人。恰巧第二天王刚又要到外地出差，萧红在温柔的送别丈夫以后，转身就开始收拾东西，将钻戒钞票统统打包不过两个小时就溜之大吉了。王刚听到这个消息，马上报了案，经过颇费周折的侦破工作，终于将这个聪明的女人抓捕归案。结果出乎所有人的意料，原来这个萧红来头可真的不小，在她手里存着的至少不下十几枚钻戒，由此可以推断每一枚钻戒背后都是一个受到她欺骗的男人。之所以她能让他们都觉得自己保持着贞洁，无非就是利用高科技手段做出来的假象。当公安机关问她为什么要这么做时，她说："我曾经刚毕业的时候，被我的老总强奸，之后心爱的人说我不干净离我而去，从那以后我就下定决心要报复天下所有的男人……"

我们不能说天底下所有的女人都是靠着坏心眼儿活着的。但总有那么一部分绝对是要让男人们提高警惕，她们往往具备很高的智商和情商，甚至有很多人在长相出众，学历优秀，工作水平也很高，甚至能够做得几样拿手好菜。按理说这样的女人完全有能力找一个好老公一起享受幸福生活，但事实上有一些人却因为贪念或心怀对男人的报复心理开始做起了诈

第八章 明辨爱情——什么是对方的真实情感

骗的勾当。要知道，女人越是完美，越是容易引起男人的注意，当你真的走进她早就设计好的埋伏圈，会觉得与她相处真的非常舒服，正当你庆幸自己的福气时，往往过不了多久就会为你们的结果而震惊。因为你怎么也想不到，这个你认为可以相守到老的人，走的是那么神速，而且走的同时必然是在你身上大有收获，这个晴天霹雳对于谁来说都是难以承受的。

如今的世道人们的思维越来越活跃，以至于让我们不敢去相信任何人。女人常常说怕被男人欺骗感情，而男人也常常抱怨自己无端的被女人玩弄。其实，女人即便是按常规出牌，也往往会做点"明修栈道，暗度陈仓"的事情。假如她是善意的，就会让你因为她的行为而欣喜，相反假如她早已经谋划了一场可以让你倾尽所有的骗局，那就只能要看你作为一个睿智的男人是不是技高一筹了。